Couverture inférieure manquante

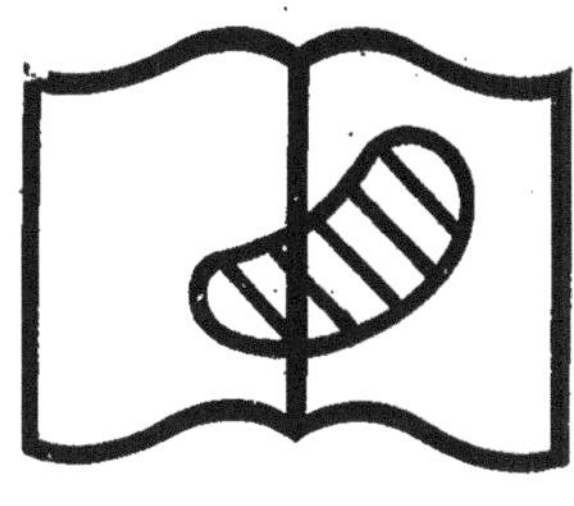

Illisibilité partielle

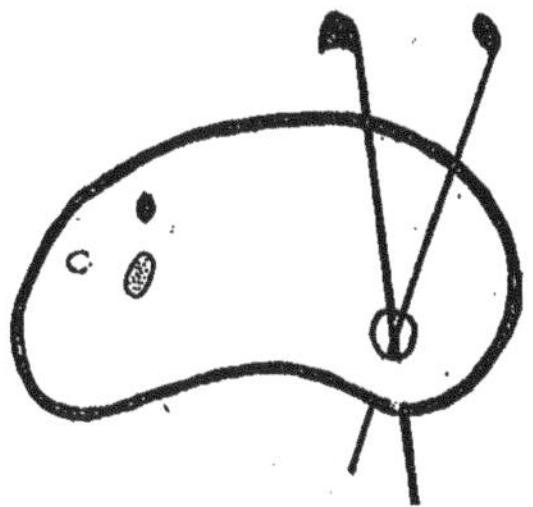

DÉBUT D'UNE SÉRIE DE DOCUMENTS
EN COULEUR

La dynamique de l'électron

par Henri Poincaré

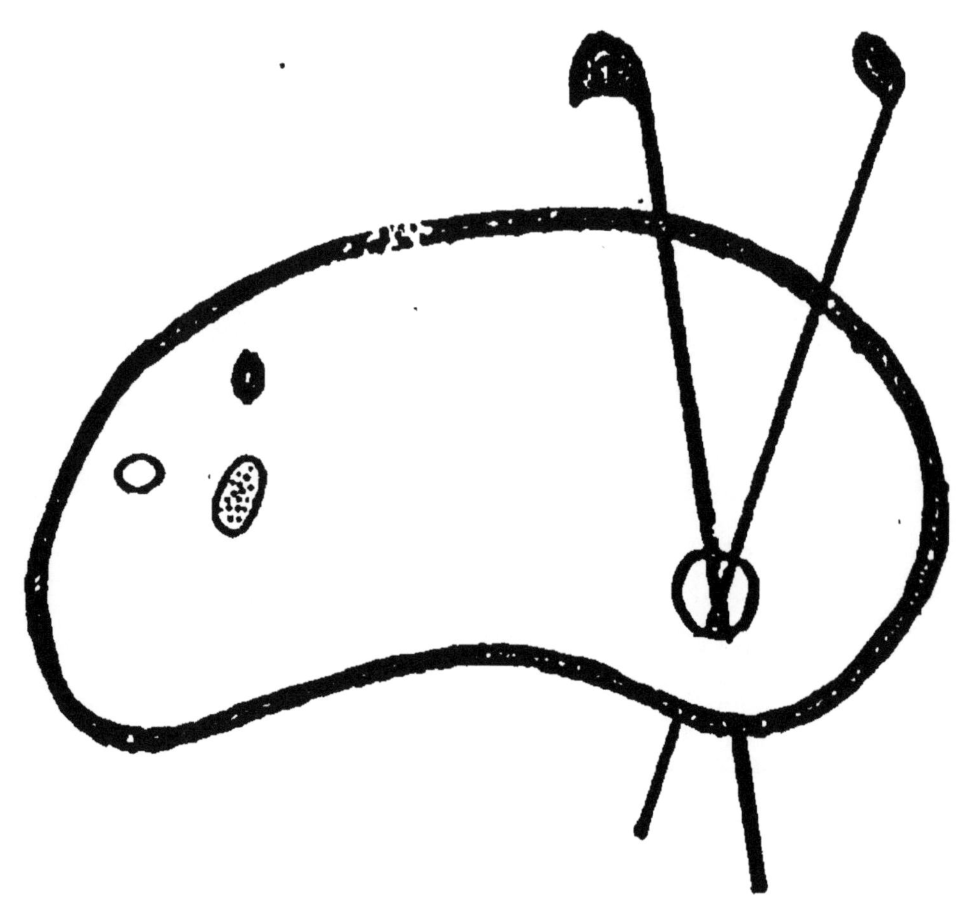

FIN D'UNE SERIE DE DOCUMENTS
EN COULEUR

LA DYNAMIQUE DE L'ÉLECTRON

ÉCOLE SUPÉRIEURE DES POSTES ET DES TÉLÉGRAPHES

La dynamique de l'électron

par Henri POINCARÉ

Supplément aux *ANNALES DES POSTES, TÉLÉGRAPHES ET TÉLÉPHONES* (Mars 1913).

A. DUMAS, ÉDITEUR,

6, RUE DE LA CHAUSSÉE-D'ANTIN, 6

PARIS

LA DYNAMIQUE DE L'ÉLECTRON [1]

Conférences faites en juillet 1912,
à l'École Supérieure des Postes et des Télégraphes,
par Henri POINCARÉ.

INTRODUCTION. [2]

L'Administration des Postes et Télégraphes a proposé à M. H. Poincaré comme sujet de conférence pour les leçons qu'il avait à faire à l'Ecole Supérieure, en 1911-1912, la dynamique de l'électron et le principe de relativité. La mort a empêché l'illustre savant de revoir la rédaction des notes trop hâtives que nous avons prises à son cours ; il n'a laissé entre nos mains que la liste des équations principales. Dans le désir naturel de ne pas déformer sa pensée, nous avons préféré dans bien des cas nous en tenir à un texte incomplet, où le lecteur apercevra quelques lacunes ; mais, cette réserve vaut mieux sans doute qu'une reconstitution incorrecte. Malheureusement, nos hésitations portent justement sur les points les plus délicats : notamment sur le début de l'exposé du principe de relativité ; aussi avons nous dû combiner nos notes avec les textes des paragraphes 402 et suivants de la deuxième édition d'Electricité et Optique donnés par H. Poincaré. C'est en raison de ces insuffisances et c'est aussi pour rattacher ces conférences au programme d'étude même, de l'Ecole Supérieure, que nous demandons la

---

(1) Rédaction de M. VIARD, élève-ingénieur à l'École Supérieure des Postes et des Télégraphes.

(2) Introduction par M. POMEY, ingénieur en chef des Postes et des Télégraphes.

permission de faire précéder le texte de ces conférences de quelques mots d'introduction. Nous les emprunterons tout d'abord à M. Lucien Poincaré, qui, dans son remarquable ouvrage intitulé « La Physique moderne et son évolution »... s'exprimait ainsi : « M. J.-J. Thomson a eu le premier l'idée nette qu'une partie au moins de l'inertie d'un corps électrisé est due à sa charge électrique ; cette idée a été reprise et précisée par M. Max Abraham qui, pour la première fois, a été amené à envisager la notion en apparence paradoxale d'une masse fonction de la vitesse... On ne connaît pas de procédé permettant de mesurer directement la masse d'un électron, mais on peut mesurer simultanément la vitesse et le rapport de la charge électrique à sa masse. Dans le cas des rayons cathodiques émis par le radium, ces mesures sont particulièrement intéressantes, parce que les rayons qui composent le faisceau sont animés de vitesses très différentes. M. Kaufmann a réalisé des expériences soignées par une méthode qu'il désigne sous le nom de méthode des spectres croisés et qui consiste à superposer les déviations produites par un champ magnétique et un champ électrique agissant dans des directions perpendiculaires l'une à l'autre ; il a pu ainsi, en opérant dans le vide, enregistrer des vitesses très variables, qui, partant, pour certains rayons, des sept dixièmes environ de la vitesse de la lumière, atteignent, pour d'autres, les quatre-vingt-quinze centièmes de celle-ci.

« On constate que le rapport de la charge à la masse, — qui, pour les vitesses ordinaires, se montre constant et égal à celui qu'on a rencontré déjà dans tant d'expériences — diminue, d'abord lentement, puis très rapidement, quand la vitesse du rayon augmente et s'approche de la vitesse de la lumière ; si on représente cette variation par une courbe, l'allure de cette courbe donne à penser que le rapport tend vers zéro quand la vitesse tend vers la vitesse de la lumière.

» Toutes les expériences antérieures nous ayant conduits à considérer que la charge électrique est la même pour tous les électrons, on ne saurait guère concevoir que cette charge pût varier avec la vitesse ; pour que le rapport, dont l'un des termes est resté fixe, ait pu changer, il a bien fallu que l'autre terme ne soit pas resté constant; les expériences de M. Kaufmann confirment donc bien les prévisions de la théorie de Max Abraham : la masse dépend de la vitesse et augmente indéfiniment au fur et à mesure que cette vitesse se rapproche de celle de la lumière. Elles permettent d'ailleurs, ces expériences, de comparer les résultats numériques du calcul aux valeurs mesurées. La comparaison, très satisfaisante, montre que la masse totale apparente est sensiblement égale à la masse électro-magnétique ; la masse matérielle de l'électron est donc nulle, toute sa masse est électro-magnétique...

» Quand la vitesse de l'électron est constante, il crée autour de lui, par son passage, un champ électrique et un champ magnétique ; autour de ce centre électrisé existe une sorte de sillage, qui le suit à travers l'éther et qui ne se modifie pas, tant que la vitesse demeure invariable... Lorsque l'électron est soumis à une accélération, une onde transversale se produit ; une radiation électromagnétique prend naissance, dont le caractère peut naturellement changer suivant la façon dont la vitesse varie ; si l'électron a un mouvement périodique suffisamment rapide, cette onde est une onde lumineuse ; si l'électron s'arrête brusquement, une sorte de pulsation se transmet dans l'éther, on obtient alors des rayons de Röntgen ».

Ce sont ces diverses questions concernant la dynamique de l'électron qui étaient proposées à M. H. Poincaré par l'Administration ; on y ajouta le principe de relativité ; un mot à ce sujet : on sait que si les équations de la dynamique sont établies par rapport à un certain système d'axes ox, oy, oz, elles subsisteront par rapport à un autre système d'axes $o'x'$, $o'y'$, $o'z'$, qui serait mobile, pourvu que l'orientation du nouveau système par rapport au premier demeure fixe, et que l'origine o' se déplace d'un mouvement rectiligne et uniforme. Le passage d'un système à l'autre est ce qu'on appelle une transformation de Galilée. Cette permanence de la validité des équations de la dynamique par rapport à tous les systèmes du groupe ainsi formé est le principe de relativité de la mécanique.

Si l'on envisage maintenant les équations du champ électro-dynamique, on peut se demander, s'il existe un système privilégié d'axes de coordonnées, auquel il faille les rapporter ou bien, dans le cas où il existerait plusieurs systèmes convenables, quelles sont les formules de transformation qui permettent de passer de l'un à l'autre. Si on répond oui à la première question, alors tous les corps qui sont en mouvement par rapport au système privilégié doivent se comporter autrement que ceux qui sont en repos par rapport à lui. On doit alors parvenir à établir par l'expérience si un corps se meut par rapport à lui et de quelle manière, et l'on doit attacher un sens physique à l'expression de « mouvement absolu » d'un corps. Si c'est l'autre alternative qui est juste, alors si on considère un corps en mouvement, mais qui soit en repos par rapport à un système convenable, les phénomènes pour un observateur appartenant à ce système, se dérouleront de la même manière que dans l'état de repos. Au point de vue physique, c'est alors un non sens que de parler de la vitesse comme de quelque chose d'absolu. Un principe qui déclare vraie une telle hypothèse, prend alors à juste titre, le nom de principe de relativité. Il ne saurait d'ailleurs y avoir deux principes de relativité distincts dans la nature, l'un pour la mécanique, l'autre pour l'électro-dynamique ; le principe de relativité de la mécanique disparaitra d'ailleurs tout naturellement de lui-même, si les phénomènes mécaniques peuvent être interprétés comme des manifestations particulières des phénomènes électro-dynamiques (Laue).

Il semble que, le plus souvent, on admette en quelque sorte implicitement le principe de relativité, dans la définition même du champ électrostatique. Lorsque, en effet, on fait agir l'une sur l'autre les deux petites sphères chargées de la balance de Coulomb, on entend bien mesurer un champ électrostatique ; or, d'après les expériences de Rowland, ces sphères entraînées dans l'espace avec la terre créent cependant par leur déplacement dans l'éther immobile un champ magnétique et par suite la force que l'on mesure dans l'expérience fondamentale de l'électrostatique est en réalité due en partie à un champ magnétique, qui réagit sur les sphères en mouvement comme sur un élément de courant. Le principe de relativité nous amène à concevoir qu'il est impossible de faire le départ entre ce qui est d'origine électrique et ce qui est d'origine magnétique dans la force globale observée, car autrement on pourrait déterminer une vitesse absolue, celle avec laquelle nous sommes emportés à travers l'éther immobile, que nous sillonnons.

Dans les conférences qui sont reproduites ci-après, M. Poincaré commence par rappeler la théorie de Lorentz. Nous nous bornerons ici à indiquer la signification et l'origine des principales équations qui sont considérées comme acquises. Pour les notations, il y a lieu de se reporter au texte même des conférences.

1° Les équations de la forme $u = \dfrac{df}{dt} + \rho \xi$ expriment les composantes du courant d'après Lorentz ; on voit que le courant se décompose en deux, le courant de déplacement et le courant de convection. Le courant de conduction résultera d'un mouvement d'ensemble des électrons libres ; le courant de Röntgen, modifié d'ailleurs par un coefficient qui lui donne une valeur différente de celle qu'il a dans la théorie de Hertz, résultera d'un mouvement d'ensemble des électrons liés.

2° Dans la théorie de Lorentz, il n'y a ni magnétisme induit, ni magnétisme permanent ; le magnétisme résulte des courants particulaires d'Ampère, lesquels sont dus, eux-mêmes, au mouvement des électrons. On a donc :

$$\frac{d\alpha}{dx} + \frac{d\beta}{dy} + \frac{d\gamma}{dz} = 0$$

3° D'après l'équation précédente, la divergence du vecteur magnétique est nulle ; il sera complètement déterminé en tous les points, si l'on donne son tourbillon. On admet que la loi de Laplace s'applique aux courants de déplacement et de convection et l'on écrit :

$$u = \frac{d\gamma}{dy} - \frac{d\beta}{dz}, \text{ etc.}$$

4° Il s'agit de définir aussi le potentiel vecteur ; suivant les circonstances on appelle de ce nom plusieurs quantités très différentes. Pour le potentiel vecteur de Maxwell, par exemple, la divergence de ce vecteur est nulle. Ce n'est pas le cas ici. Les composantes (F G H) satisfont aux équations suivantes où ψ désigne le potentiel électrostatique :

$$\alpha = \frac{d\,\mathrm{H}}{d\,y} - \frac{d\,\mathrm{G}}{d\,z}, \text{ etc.}$$

$$\frac{d\psi}{d\,t} + \Sigma\,\frac{d\,\mathrm{F}}{d\,x} = 0.$$

5° M. Poincaré écrit ensuite les relations de la forme :

$$f = -\frac{d\,\mathrm{F}}{d\,t} - \frac{d\psi}{d\,x}$$

qui expriment que le déplacement électrique résulte de l'intensité de champ électrostatique et de la force électromotrice d'induction d'origine magnétique.

Ces équations de la théorie de Lorentz diffèrent de celles de la théorie de l'induction, qui résulte des hypothèses de Hertz, par l'absence des termes qui correspondent au flux magnétique coupé, mais ceux-ci réapparaissent, dans la théorie des conducteurs, quand il s'agit de ce mouvement d'ensemble des ions qui constitue le courant de conduction.

Ici, nous ne pouvons que renvoyer le lecteur à l'ouvrage de M. Poincaré intitulé *Electricité et Optique*, édition de 1901. Il y verra comment l'auteur déduit les équations

$$f = -\frac{d\,\mathrm{F}}{d\,t} - \frac{d\psi}{d\,x}$$

et les équations de la force mécanique subie par un ion

$$\mathrm{X} = \rho\,(f + \eta\gamma - \xi\beta)$$

des expressions de l'énergie électrique, représentant l'énergie élastique de l'éther et de l'énergie magnétique, représentant sa force vive, en appliquant à ce problème les équations de Lagrange.

6° Des équations

$$f = -\frac{d\psi}{d\,x} - \frac{d\,\mathrm{F}}{d\,t}, \text{ etc.}$$

ou tire par différentiation,

$$\Sigma \frac{df}{dx} = -\Delta\psi - \frac{d}{dt}\Sigma\frac{dF}{dx}$$

ou

$$\rho = -\Delta\psi + \frac{d^2\psi}{dt^2} = -\square\psi$$

7° En dérivant les mêmes équations par rapport au temps, nous avons :

$$\frac{df}{dt} = -\frac{d^2F}{dt^2} - \frac{d^2\psi}{dx\,dt};$$

formons ensuite l'équation :

$$-u = \frac{d\beta}{dz} - \frac{d\gamma}{dy};$$

en introduisant dans le premier membre le déplacement et le courant de convection et dans le second le potentiel vecteur. Tenons compte, en outre, de l'équation

$$\Sigma\frac{dF}{dx} = -\frac{d\psi}{dt},$$

il vient

$$-\frac{df}{dt} - \rho\xi = \Delta F - \frac{d}{dx}\Sigma\frac{dF}{dx} = \Delta F + \frac{d^2\psi}{dx\,dt}.$$

Ajoutons membre à membre (3) et (4), il vient :

$$-\rho\xi = \Delta F - \frac{d^2F}{dt^2} \text{ ou avec la notation connue : } -\rho\xi = \square F.$$

8° Au sujet de la définition du potentiel retardé, nous empruntons à la deuxième édition « d'Électricité et Optique » de H. Poincaré. le paragraphe suivant, dans lequel il renvoie d'ailleurs, pour la démonstration du procédé d'intégration, à son ouvrage intitulé « Oscillations électriques » p. 74.

« Considérons un certain nombre de points attirants M et soit M_k le point attiré ; soit encore m_k la masse du point attiré, et r_k la distance des points attirants au point attiré. Le potentiel en M_k est par définition $V = \Sigma \dfrac{m_k}{r_k}$. Mais si les masses m_k dépendent du temps, à cause de la densité ρ, qui est fonction de x, y, z et t, le potentiel va alors dépendre, lui aussi, du temps. En effet, la propagation d'une perturbation (électrique ou magnétique) se faisant avec une vitesse finie, $\dfrac{1}{\sqrt{K_0}}$, (qui est la vitesse de la lumière), le potentiel, pour se propager de M en M_k mettra alors un temps $r_k \sqrt{K_0}$; l'action en M_k se calculera donc en donnant à la masse m_k non la valeur qu'elle a à l'instant t, mais la valeur m'_k, qu'elle avait à l'instant $t - r_k \sqrt{K_0}$; la valeur du potentiel sera alors représentée par $V' = \Sigma \dfrac{m'_k}{r_k}$; et c'est à cette nouvelle expression du potentiel qu'on donne le nom de potentiel retardé.

» On peut considérer encore les potentiels retardés, dus à une matière attirante, qui au lieu d'être répartie en un certain nombre de points attirants, se constituerait en un volume attirant. Soit $f(x, y, z ; t)$ la densité de la matière attirante et soit $d\tau'$ un élément de volume de coordonnées $x'\, y'\, z'$. Le potentiel ordinaire de ce volume attirant sera

$$V = \int \frac{f(x', y'\, z' ; t)\, d\tau'}{r},$$

r étant donné par

$$r^2 = (x - x')^2 + (y - y')^2 + (z - z')^2.$$

Si la propagation d'une perturbation se fait avec la vitesse de la lumière, le potentiel retardé, défini comme ci-dessus, aura alors pour valeur

$$V' = \int \frac{f(x', y', z' ; t - r\sqrt{K_0})}{r} d\tau'$$

» En examinant ces deux dernières formules, on voit que dans le cas des potentiels ordinaires, le numérateur (qui représente la masse attirante) ne dépend que de $x'\, y'\, z'$, tandis que dans le cas des potentiels retardés, il est fonction non seulement de x', y', z', mais il dépend aussi de $x\, y\, z$ par l'intermédiaire de r. »

Dans le cas des potentiels ordinaires nous avions :

$$\Delta V = - 4 \pi f ;$$

avec les potentiels retardés nous aurons :

$$\Delta V' - K_0 \frac{d^2 V'}{d t^2} = - 4 \pi f$$

ou avec une nouvelle notation : $\square V' = - 4 \pi f$.

D'après cette formule, on voit que F G H sont les potentiels retardés d'une matière attirante de densité $- \rho \xi$, $- \rho \eta$, $- \rho \zeta$.

Nous avons ainsi rappelé toutes les propositions qui peuvent être utiles pour la lecture du premier paragraphe.

M. Poincaré étudie ensuite au moyen des équations ordinaires de la dynamique le mouvement d'un électron dans un champ magnétique. Il montre que la trajectoire est dans le cas d'un pôle unique, une ligne géodésique d'un cône de révolution. Il rend compte des apparences de nœuds de concentration des rayons, dans le cas d'une cathode de petit diamètre en présence d'un pôle situé sur la normale axiale.

Il expose alors la théorie des aurores boréales de M. Villard et explique comment les rayons dits magnétocathodiques peuvent être dus au mouvement des électrons le long d'une hélice enroulée sur une surface canal infiniment déliée constituée par des lignes de force magnétique.

M. Poincaré calcule la résultante de toutes les actions qui s'exercent sur les électrons et il retrouve en particulier les expressions des pressions de Maxwell, appliquées à la surface qui limite le volume d'intégration. Or ces pressions disparaissent quand la surface recule à l'infini, parce que le champ y est nul, mais la résultante totale des actions subies par les électrons ne s'annule pourtant pas ; cela indique que la théorie de Lorentz ne satisfait pas au principe de l'égalité de l'action et de la réaction. Pour que la somme des quantités de mouvement restent constante, il faut introduire la quantité de mouvement électro-magnétique. Le théorème de Poynting permet alors de dire que la quantité de mouvement est la quantité de mouvement de l'énergie, localisée suivant les idées de Maxwell, et considérée fictivement comme une masse animée d'une certaine vitesse. De cette théorie résulte l'existence de la pression de radiation.

M. Poincaré examine ensuite le mouvement d'un électron ; il montre que dans les expressions du champ électro-magnétique il y a un terme dépendant de la vitesse et un terme dépendant de l'accélération ; le premier représente l'onde de vitesse, le second l'onde d'accélération ; quand ce dernier est négligeable, le mouvement est dit quasi stationnaire. Se plaçant dans ce cas, M. Poincaré expose les conséquences qu'on peut en tirer dans l'hypothèse de Max Abraham qui envisage l'électron comme une sphère isotrope indéformable ; et, sans refaire le calcul connu de Max Abraham pour la quantité de mouvement qui provient du champ dû à l'électron lui-même, il montre qu'on est amené à distinguer une masse longitudinale et une masse transversale, correspondant respectivement aux accélérations tangentielles et aux accélérations normales. Les expériences de Kaufmann ont conduit à ce résultat que l'inertie de l'électron serait entièrement électro-magnétique. Il s'agit alors de déterminer avec précision comment la masse électro-magnétique d'un électron varie avec la vitesse ; c'est ce qui amène M. Poincaré à développer la théorie du principe de relativité.

Cette théorie a son origine dans les travaux de H. A. Lorentz qui a cherché à rendre compte de l'impossibilité de mettre en évidence par des expériences d'optique, le mouvement absolu de la matière par rapport à l'éther. Ses idées sont réunies dans l'ouvrage paru à Leiden en 1895 et intitulé Versuch einer Theorie der electrischen und optischen Erscheinungen in bewegten Körpern. Cette théorie expliquait le résultat négatif de toutes les expériences faites jusqu'alors, à l'exception de celle de Michelson et Morley. M. Poincaré dans l'ouvrage déjà cité « Electricité et Optique » déclarait à ce sujet (Edition de 1901) : « Je dois dire ici mon sentiment : je regarde comme très probable que les phénomènes optiques ne dépendent que des mouvements relatifs des corps matériels en présence, sources lumineuses ou appareils optiques et cela non pas aux quantités près de l'ordre du carré ou du cube de l'observation, mais rigoureusement. A mesure que les expériences deviendront

plus précises, ce principe sera vérifié avec plus de précision ». En
1904, II. A. Lorentz avait modifié sa théorie de façon à rendre
compte de toutes les observations, y compris celle Michelson. Il
emploie déjà la « transformation de Lorentz ». La confiance
qu'inspiraient les équations du champ électro-magnétique était si
forte, qu'on ne songea pas à les corriger, mais qu'on s'attaqua à la
cinématique et à la mécanique, en imaginant qu'elles devaient être
affectées par le mouvement absolu de façon à compenser l'influence
de ce mouvement sur les phénomènes de l'électro-dynamique. Mais
c'est dans le 17ᵉ volume des *Annales de Physique* 1905, qu'on
trouve le travail d'Einstein sur le principe de relativité envisagé d'une
façon méthodique.

On remarquera que la transformation de Lorentz est une transformation linéaire entre les anciennes variables $x\,y\,z\,t$ et les nouvelles
$x'y'z't'$, telle que l'équation

$$x^2 + y^2 + z^2 - t^2 = 0$$

se transforme dans l'équation :

$$x'^2 + y'^2 + z'^2 - t'^2 = 0.$$

Ces transformations ont la plus grande analogie avec celles qui
permettent en géométrie analytique de passer d'un système d'axes
trirectangulaires à un autre système d'axes trirectangulaires de même
origine. On peut définir dans ce système à 4 variables ($x\,y\,z\,t$) des
vecteurs à quatre composantes et c'est la considération de ce genre
de quantités qui amène, par exemple, à considérer à côté des
quantités $\rho\xi$, $\rho\eta$, $\rho\zeta$ la quantité ρ. M. Poincaré a fait une allusion à ces
transformations, disant qu'il convenait de joindre aux quantités
$X\,Y\,Z$ la quantité $T = X\xi + Y\eta + Z\zeta$, mais que l'examen des motifs,
qui amenaient à envisager cette quatrième quantité l'emmènerait
trop loin.

On peut aussi remarquer que la transformation de Lorentz la plus
générale s'obtient de même en cherchant la substitution linéaire et
homogène en ($x\,y\,z\,t$) qui transforme en elle-même l'expression $\square\varphi$.
C'est d'ailleurs ainsi que procède le Dʳ M. Laue, de Münich, dans sa
monographie sur le principe de relativité. Qu'on nous permette

d'ajouter quelques mots, en suivant cet auteur; nous aurons ainsi un commentaire qui complètera ce qui est dit d'une manière peut-être un peu trop sommaire dans nos notes sous la rubrique 1re hypothèse et 2e hypothèse.

Nous admettons, d'après le principe de relativité, que deux événements qui sont simultanés pour des observateurs immobiles, sont également simultanés pour des observateurs qui se croient immobiles, s'ils sont en réalité, entraînés avec une certaine vitesse de translation. Je dis que si l'on fait cette hypothèse, on ne peut admettre que le temps se compte de même pour deux observateurs immobiles ou pour deux observateurs entraînés.

Supposons, en effet, un système immobile; admettons qu'un signal parte du poste A et atteigne au bout d'un temps t les deux points B et C situés à la même distance l de A; imaginons maintenant que les trois points A B C se meuvent avec une vitesse v parallèle à C B et de sens C B. Soient A B C les positions au moment de l'émission du signal; A'B'C' les positions au bout du temps t. Les ondes lumineuses ont été émises du point A, il n'existe alors aucune époque t', à laquelle l'onde sphérique qui a pour centre A passe simultanément par les points B' et C'. Donc les réceptions du signal de A en B et C qui étaient simultanées dans le système primitif ne le sont plus dans système en mouvement. Si donc il y a un principe de relativité la partie identique $t = t'$ de la transformation de Galilée, dont nous avons parlé plus haut ne doit plus subsister. On est ainsi amené à chercher les transformations les plus générales pour lesquelles la loi physique d'un phénomène quelconque tel que par exemple: la propagation de la lumière $\Box \rho = o$, subsistent. On essaye les transformations linéaires, parce qu'autrement l'origine des coordonnées et le point de départ du temps constitueraient des points remarquables pour l'un des deux systèmes au moins, et on ne pourrait plus sans des changements essentiels transporter à volonté le point $x = y = z = t = o$; or on considère comme empiriquement établie l'équivalence absolue de tous les points de l'espace d'une part et de tous les instants de la durée d'autre part, dans l'un comme dans l'autre système.

D'après cela, une fois la transformation de Lorentz établie, nous pouvons dire ceci: On peut déterminer, au moyen de l'ensemble des

phénomènes naturels, par des approximations successives poussées
de plus en plus loin, un système de référence $x\,y\,z\,t$, dans lequel les
lois physiques s'expriment sous une forme mathématique simple ;
mais, si le principe de relativité est exact, ce système de référence
n'est pas unique ; il y a, au contraire, une multiplicité triplement
infinie de systèmes équivalents, qui se déplacent les uns par rapport
aux autres avec des vitesses uniformes.

Si l'on fait $\Delta x = v\,dt$ dans la transformation de Lorentz, on
obtient $dt' = \sqrt{1 - v^2}\,.\,dt$, la vitesse de propagation de la lumière
étant prise pour unité. L'intervalle de temps dt est l'intervalle de
temps compté par un observateur dans le système immobile $(x\,y\,z\,t)$;
l'intervalle de temps dt' est celui qui est compté par cet observateur
pour le même phénomène quand il est emporté avec le système
$(x'\,y'\,z'\,t')$. On peut donc dire qu'une montre emportée avec la
vitesse v va plus lentement dans le rapport de $\sqrt{1 - v^2}$ à 1 que la
même montre, placée dans le système au repos.

C'est la propriété corrélative de l'hypothèse de la contraction.

DYNAMIQUE DE L'ÉLECTRON.

Préambule.

Les années précédentes, l'Administration des Postes et Télégraphes m'a proposé de traiter devant vous des questions concernant la propagation du courant, la téléphonie, la télégraphie sans fil. Ces sujets se rattachaient directement à vos préoccupations habituelles. Mais le nombre des matières de ce genre commençait à s'épuiser ; les applications de la physique mathématique et du calcul à l'art de l'ingénieur ne sont pas un champ indéfini et l'Administration a été forcée de sortir de ce cercle pour m'indiquer une étude qui est théorique. Elle m'a demandé de vous parler de la dynamique de l'électron. Ce sera le sujet des conférences que je vais vous faire. Nous examinerons chemin faisant le principe de relativité. Bien que les développements qui vont suivre ne soient pas d'une application immédiate à la pratique, ils intéressent cependant les télégraphistes qui cherchent à se tenir au courant des idées modernes relatives à la théorie de l'électricité. Je m'appuyerai sur les travaux récents de divers savants parmi lesquels il faut citer Lorentz.

Théorie de Lorentz. — Les équations de Lorentz sont celles de Maxwell, mais il les a simplifiées en adoptant des unités différentes des unités habituelles ; en particulier l'unité de vitesse est celle de la lumière. Il a fait également disparaître de cette façon les facteurs 4π (1).

Nous désignerons par :

u, v, w les composantes du courant,
f, g, h les composantes du déplacement électrique,
ρ la densité électrique,
ξ, η, ζ les composantes de la vitesse de la matière,

---

(1) L'équation de l'électrostatique $f = -\dfrac{h}{4\pi}\dfrac{d\psi}{dx}$ devient dans la théorie de Lorentz $f = -\dfrac{d\psi}{dx}$. (Note de M. Pomey).

α, β, γ les composantes du champ magnétique,

F, G, H les composantes du potentiel vecteur,

ψ le potentiel électrostatique.

Nous supposons l'éther immobile et parfaitement semblable à lui-même en tous ses points ; il n'y a pas d'aimantation (α, β, γ composante de l'intensité du champ et a, b, c composante de l'induction magnétique coïncident) ; il n'y a pas de variation du pouvoir inducteur spécifique. Dans ce milieu circulent des particules chargées: les électrons, et la variété des phénomènes dépend du mouvement et de l'action des électrons.

Dans la théorie de Lorentz, il n'y a pas de courant de conduction ; le courant total est la somme du courant de déplacement $\dfrac{df}{dt}$ (hypothèse de Maxwell) (1) et du courant de convection $\rho\,\xi$ (courant de Rowland), ce qui se traduit par l'équation :

$$u = \frac{df}{dt} + \rho\,\xi$$

et les équations analogues obtenues par permutation circulaire.

Nous avons également :

$$u = \frac{d\gamma}{dy} - \frac{d\beta}{dz}$$

$$\alpha = \frac{dH}{dy} - \frac{dG}{dz}$$

$$f = - \frac{dF}{dt} - \frac{d\psi}{dw}$$

En différentiant α par rapport à t et en tenant compte des valeurs de f, g, h, on obtient :

$$\frac{d\alpha}{dt} = \frac{dg}{dz} - \frac{dh}{dy}$$

---

(1) Il s'agit du courant de déplacement dans l'éther ; celui qui a lieu dans les diélectriques n'est pas le même dans la théorie de Maxwell et dans celle de Lorentz. (Note de M. POMEY).

Exprimons que la quantité d'électricité est indestructible ; nous avons l'équation :

$$\frac{d\rho}{dt} + \Sigma \frac{d\rho\xi}{dx} = 0$$

Nous avons également comme conséquence de la précédente :

$$\rho = \Sigma \frac{df}{dx}.$$

Il faut ajouter aux égalités précédentes toutes celles qui s'en déduisent par permutations circulaires ainsi que la suivante :

$$\frac{d\psi}{dt} + \Sigma \frac{dF}{dx} = 0$$

Si l'on adopte les symboles $\Delta = \Sigma \frac{\partial^2}{\partial x^2}$ et $\square = \Sigma \frac{\partial^2}{\partial x^2} - \frac{\partial^2}{\partial t^2}$ $\left[\square = \Delta - \frac{\partial^2}{\partial t^2} \right]$,

nos équations s'écrivent :

$$\square \psi = -\rho$$

$$\square F = -\rho\xi$$

Le potentiel V qui au point x, y, z a pour valeur

$$V = \int \frac{\frac{\rho'}{4\pi}}{r} d\tau'$$

(r étant la distance du point (x, y, z) au point (x', y', z') . centre de gravité de l'élément de volume $d\tau'$ où se trouve une matière attirante de densité ρ') satisfait à l'équation de Poisson $\Delta V = -\rho$.

Cette même fonction est solution de l'équation $\square \psi = -\rho$, si ρ' représente cette fois la densité de la matière attirante au point $(x' y' z')$ au temps $t - r$, r étant le temps qu'il faut à la lumière pour aller de (x, y, z) en (x', x', z'). C'est aussi la distance qui sépare ces deux points. Cette nouvelle fonction s'appelle alors *potentiel retardé*. F, G, II sont donc des potentiels retardés dus à des matières attirantes de densités respectivement égales à

$$\frac{\rho\xi}{4\pi}, \quad \frac{\rho\eta}{4\pi}, \quad \frac{\rho\zeta}{4\pi}.$$

Supposons le mouvement des électrons entièrement connu ; pour chaque électron on connaît ξ, η, ζ, ρ.

On peut donc calculer les potentiels retardés ψ, F, G, II et avoir le champ magnétique et le champ électrique par les formules :

$$\alpha = \frac{d\text{II}}{dy} - \frac{d\text{G}}{dz}$$

$$f = -\frac{d\text{F}}{dt} - \frac{d\psi}{dx}$$

En combinant les champs dus aux divers électrons on aura le champ total.

On a $\rho = 0$ dans l'éther vide et $\rho \neq 0$ partout où il y a un électron.

Force qui agit sur un électron. — Considérons un élément de volume $d\tau$ de cet électron, sa masse électrique est $\rho\,d\tau$ et la projection de la force agissante, sur l'axe des x est $\text{X}\,d\tau$; avec

$$\text{X} = \rho\,(f + \eta\gamma - \zeta\beta)$$

$f\rho\,d\tau$ représente l'action du champ électrostatique et

$(\eta\gamma - \zeta\beta)\,\rho\,d\tau$ celle du champ magnétique, la masse considérée se comportant comme le courant de convection $\rho\xi\,d\tau$, $\rho\eta\,d\tau$, $\rho\zeta\,d\tau$.

Mouvement d'un électron dans un champ magnétique. — Désignons par e la charge de l'électron et par m sa masse.

Les équations du mouvement sont :

$$\frac{d^2x}{dt^2} = \frac{e}{m}\,(\gamma\eta - \zeta\beta) = \frac{e}{m}\left(\gamma\,\frac{dy}{dt} - \beta\,\frac{dz}{dt}\right)$$

$$\frac{d^2y}{dt^2} = \frac{e}{m}\,(\alpha\zeta - \xi\gamma) = \frac{e}{m}\left(\alpha\,\frac{dz}{dt} - \gamma\,\frac{dx}{dt}\right)$$

$$\frac{d^2z}{dt^2} = \frac{e}{m}\,(\beta\xi - \eta\alpha) = \frac{e}{m}\left(\beta\,\frac{dx}{dt} - \alpha\,\frac{dy}{dt}\right)$$

La force est perpendiculaire à la trajectoire de l'électron et à la ligne de force magnétique. Son travail est nul, donc la vitesse reste constante.

Les lignes de force magnétiques passant par les différents points de la trajectoire engendrent une surface à laquelle le plan osculateur à la trajectoire est perpendiculaire puisqu'il contient la force.

Par suite la trajectoire est une ligne géodésique de la surface envisagée.

Cas d'un pôle unique. — Le champ dû à ce pôle a pour composantes

$$\frac{\mu x}{r^3}, \quad \frac{\mu y}{r^3}, \quad \frac{\mu z}{r^3},$$

si on suppose que sa masse est μ et qu'il est situé à l'origine des coordonnées. Posons $\dfrac{e\mu}{m} = -\lambda$, les équations générales deviennent.

$$\frac{d^2 x}{dt^2} = \frac{\lambda}{r^3}\left(y\,\frac{dz}{dt} - z\,\frac{dy}{dt} \right). \tag{1}$$

$$\frac{d^2 y}{dt^2} = \frac{\lambda}{r^3}\left(z\,\frac{dx}{dt} - x\,\frac{dz}{dt} \right). \tag{2}$$

$$\frac{d^2 z}{dt^2} = \frac{\lambda}{r^3}\left(x\,\frac{dy}{dt} - y\,\frac{dx}{dt} \right). \tag{3}$$

D'où l'on tire en les multipliant respectivement par $\dfrac{dx}{dt}$, $\dfrac{dy}{dt}$, $\dfrac{dz}{dt}$ et les ajoutant

$$\Sigma \frac{d^2 x}{dt^2}\frac{dx}{dt} = 0$$

et en intégrant $\Sigma \left(\dfrac{dx}{dt}\right)^2 = C$ qui n'est autre que l'expression du théorème des forces vives.

En les multipliant par x, y, z et en ajoutant on a :

$$\Sigma\, x\,\frac{d^2 x}{dt^2} = 0$$

Mais on a :
$$\frac{d^2 r^2}{dt^2} = \frac{d^2}{dt^2} \Sigma x^2 = 2 \Sigma \left(\frac{dx}{dt}\right)^2 + 2 \Sigma x \frac{d^2 x}{dt^2}$$

Qui en tenant compte des 2 égalités précédentes s'écrit

$$\frac{d^2 r^2}{dt^2} = 2\,C$$

En intégrant on a :

$$r^2 = C\,t^2 + B\,t + A \qquad \text{A, B, C étant des constantes.}$$

En combinant (2) et (3) on obtient très simplement, en ajoutant et retranchant dans le second membre le terme $x . x \dfrac{dx}{dt}$,

$$y \frac{d^2 z}{dt^2} - z \frac{d^2 y}{dt^2} = \frac{\lambda}{r^3}\left[x \, \Sigma x \frac{dx}{dt} - \frac{dx}{dt} \Sigma x^2\right] = \frac{\lambda}{r^2}\left[x \frac{dr}{dt} - r \frac{dx}{dt}\right]$$

En intégrant on a :

$$y \frac{dz}{dt} - z \frac{dy}{dt} = - \frac{\lambda x}{r} + a \qquad a \text{ étant une nouvelle constante.}$$

Et par symétrie on obtient :

$$z \frac{dx}{dt} - x \frac{dz}{dt} = - \frac{\lambda y}{r} + b$$

$$x \frac{dy}{dt} - y \frac{dx}{dt} = - \frac{\lambda z}{r} + c$$

Ces trois équations donnent

$$a x + b y + c z = \lambda r$$

C'est l'équation d'un cône de révolution ayant l'origine pour sommet.

Les lignes de forces magnétiques sont les génératrices de ce cône. Donc la trajectoire qui est une géodésique de ce cône se développera suivant une droite, et elle va d'abord s'approcher du pôle pour s'en éloigner ensuite.

Le phénomène apparent sera une concentration vers le pôle.

Cas particuliers. — 1° *On a une cathode circulaire de petit diamètre et un pôle sur la normale à cette cathode* — Le rayon issu du point x_0, y_0 est normal à la cathode, ce qui nous donne si l'on prend $C = V^2$

$$a = y_0 V, \qquad b = -x_0 V, \qquad c = \lambda$$

Si $t = \infty$ on a $r = \infty$; on voit alors que

$$x = x_0, \ y = y_0, \ \frac{dz}{dt} = V, \frac{dx}{dt} = \frac{dy}{dt} = 0, \ \frac{z}{r} = 1 \ \frac{x}{r} =, \ \frac{y}{r} = 0$$

satisfont aux équations du mouvement.

La droite $x = x_0 \ y = y_0$ est donc une asymptote de la trajectoire; il s'en suit que l'axe des z est une génératrice du cône considéré plus haut..

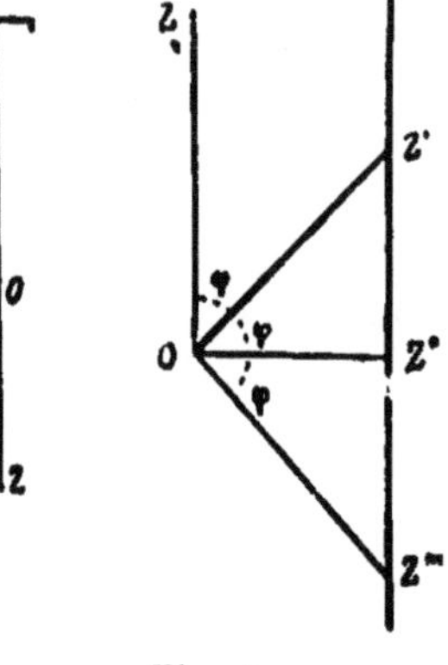

Fig. 1.

Développons ce cône; Oz est parallèle au développement de la trajectoire. Mais il est encore représenté par une série de droites Oz', Oz'', Oz''' ... angulairement distantes entre elles de φ.

φ est le développement total du cône et l'on a $\varphi = 2\pi \sin \omega$, ω étant le demi-angle au sommet du cône.

Les points z' z'' z''' .... sont des espèces de foyers où se concentrent les rayons; il y en a autant que de multiples de φ inférieurs à π.

Il n'y en a pas si $\varphi > \pi$ c'est-à-dire si $\sin \omega > \dfrac{1}{2}$.

2° *On a un champ magnétique uniforme.* — Le cône devient un cylindre de révolution et la trajectoire une hélice circulaire.

3° *Le champ est dû à un aimant uniforme comprenant 2 pôles.* — C'est le cas du champ terrestre. L'explication des aurores boréales est alors facile : les rayons cathodiques émanant du soleil sont aspirés par les pôles et donnent naissance, en rencontrant l'atmosphère, aux phénomènes lumineux que nous observons.

4° *Le champ magnétique est très intense.* — α, β, γ sont très grands par rapport à la vitesse constante V des rayons qui est une quantité finie.

Je considère un temps τ petit en valeur absolue; mais tel que $\dfrac{e}{m} \alpha \tau, \dfrac{e}{m} \beta \tau, \dfrac{e}{m} \gamma \tau$, soient grands.

Reprenons les équations :

$$\frac{d^2 x}{dt^2} = \frac{e}{m}\left(\gamma \frac{dy}{dt} - \beta \frac{dz}{dt}\right).$$

$$\frac{d^2 y}{dt^2} = \frac{e}{m}\left(\alpha \frac{dz}{dt} - \gamma \frac{dx}{dt}\right).$$

$$\frac{d^2 z}{dt^2} = \frac{e}{m}\left(\beta \frac{dx}{dt} - \alpha \frac{dy}{dt}\right).$$

Intégrons entre t et $t + \tau$, on aura en posant

$$\begin{cases} \beta = \beta - \beta_0 + \beta_0 \ (\beta_0 \text{ valeur moyenne de } \beta) \\ \gamma = \gamma - \gamma_0 + \gamma_0 \ (\gamma_0 \text{ valeur moyenne de } \gamma) \end{cases}$$

$$\delta \frac{dx}{dt} = \frac{e}{m}\left(\gamma_0 \delta y - \beta_0 \delta z \right) + \frac{e}{m} \int_t^{t+\tau} \left[(\gamma - \gamma_0)\frac{dy}{dt} - (\beta - \beta_0)\frac{dz}{dt}\right] dt$$

Or $\delta \dfrac{dx}{dt}$ est fini, car on a toujours $\left| \dfrac{dx}{dt}\right| < V$ alors $\delta \dfrac{dx}{dt} < 2\,V$

δy est de l'ordre de $V \tau$ et $\gamma_0 \delta y$ de l'ordre de $V \gamma_0 \tau$ qui est très grand ; il en est de même pour $\beta_0 \delta z$.

Quant aux termes de l'intégrale, ils sont petits par rapport aux précédents car le temps τ étant petit par rapport à γ, $(\gamma - \gamma_0)$ est petit par rapport à γ_0.

Les deux termes d'ordre supérieur doivent disparaître donc

$$\frac{\delta y}{\beta_0} = \frac{\delta z}{\gamma_0}$$

Et l'on a :

$$\frac{\delta x}{\alpha_0} = \frac{\delta y}{\beta_0} = \frac{\delta z}{\gamma_0}$$

Or $\dfrac{\delta x}{\tau}, \dfrac{\delta y}{\tau}, \dfrac{\delta z}{\tau}$ sont les composantes de la vitesse moyenne

✱✱✱

du rayon ; cette vitesse moyenne est donc parallèle aux lignes de force du champ, bien que la vitesse fasse avec elles des angles quelconques. La trajectoire est donc une sorte d'hélice enroulée sur une surface canal infiniment déliée.

Cette explication s'applique aux rayons magnéto-cathodiques qui se produisent dans les tubes cathodiques si le champ magnétique est très intense.

Tout ceci n'est vrai que si l'on peut appliquer aux électrons les lois de la mécanique ordinaire.

Principe de l'égalité de l'action et de la réaction dans la théorie de Lorentz. — La force qui agit sur un volume fini a pour projection sur l'axe des x

$$X = \int \rho \, d\tau \, (f + \eta \gamma - \zeta \beta).$$

Mais on a :
$$\rho = \Sigma \frac{df}{dx}$$

Et $u = \dfrac{df}{dt} + \rho \xi = \dfrac{d\gamma}{dy} - \dfrac{d\beta}{dz}$ d'où $\rho \xi = -\dfrac{df}{dt} + \dfrac{d\gamma}{dy} - \dfrac{d\beta}{dz}$

Et de même
$$\rho \eta = -\frac{dg}{dt} + \frac{d\alpha}{dz} - \frac{d\gamma}{dx}$$

$$\rho \zeta = -\frac{dh}{dt} + \frac{d\beta}{dx} - \frac{d\alpha}{dy}$$

Décomposons l'intégrale précédente en quatre autres X_1, X_2, X_3, X_4 telles que
$$X = X_1 + X_2 + X_3 + X_4$$

Nous prendrons $X_1 = \displaystyle\int d\tau \left(\beta \frac{dh}{dt} - \gamma \frac{dg}{dt} \right)$

$$X_2 = \int d\tau \left(\beta \frac{d\alpha}{dy} + \gamma \frac{d\alpha}{dz} + \alpha \frac{d\alpha}{dx} \right)$$

$$X_3 = -\int d\tau \left(\alpha \frac{d\alpha}{dx} + \beta \frac{d\beta}{dx} + \gamma \frac{d\gamma}{dx} \right)$$

$$X_4 = \int d\tau \, f \, \Sigma \frac{df}{dx}$$

Le terme $\alpha \dfrac{d\alpha}{dx} d\tau$ a été ajouté et retranché.

Nous allons transformer ces intégrales :

Je prends d'abord $X_2 = \int d\tau \left(\beta \frac{d\alpha}{dy} + \gamma \frac{d\alpha}{dz} + \alpha \frac{d\alpha}{dx} \right)$. Que

j'intègre par parties, j'ai : $\int d\tau \left(\alpha \frac{d\alpha}{dx} + \beta \frac{d\alpha}{dy} + \gamma \frac{d\alpha}{dz} \right)$

$$= \int (dy\, dz\, \alpha^2 + dx\, dz\, \alpha\beta + dx\, dy\, \alpha\gamma) - \int d\tau \left(\alpha \frac{d\alpha}{dx} \right.$$
$$\left. + \alpha \frac{d\beta}{dy} + \alpha \frac{d\gamma}{dz} \right).$$

La seconde intégrale est nulle puisque dans le champ magnétique

on a : $\frac{d\alpha}{dx} + \frac{d\beta}{dy} + \frac{d\gamma}{dz} = 0$ la première peut s'écrire $\int d\omega\, (l\alpha^2$

$+ m\,\alpha\beta + n\,\alpha\gamma)$ en remarquant que $dy\, dz = l\, d\omega$ l, m, n étant

les cosinus directeurs de la normale extérieure à la surface qui

limite le volume et $d\omega$ l'élément de surface.

Il reste donc $\quad X_2 = \int d\omega\, (l\alpha^2 + m\,\alpha\beta + n\,\alpha\gamma)$.

Prenons maintenant $X_3 = - \int d\tau \left(\alpha \frac{d\alpha}{dx} + \beta \frac{d\beta}{dx} + \gamma \frac{d\gamma}{dx} \right)$

on a : $\quad -\int d\tau \left(\alpha \frac{d\alpha}{dx} + \beta \frac{d\beta}{dx} + \gamma \frac{d\gamma}{dx} \right) = - \int d\omega \left(l \frac{\alpha^2}{2} \right.$

$$\left. + l \frac{\beta^2}{2} + l \frac{\gamma^2}{2} \right) = - \frac{1}{2} \int l\, d\omega\, \Sigma \alpha^2$$

On voit que l'on a :

$$X_2 + X_3 = \int \frac{d\omega}{2} \left[l\,(\alpha^2 - \beta^2 - \gamma^2) + 2m\,\alpha\beta + 2n\,\alpha\gamma \right]$$

Cette force agit sur la surface limitant le volume d'intégration ;
les projections de ses composantes élémentaires sont :

$$(\alpha^2 - \beta^2 - \gamma^2) \frac{d\omega}{2}$$
$$\alpha\beta\, d\omega$$
$$\alpha\gamma\, d\omega$$

Ces termes représentent l'effet de la pression de Maxwell due au
champ magnétique.

Transformons $\quad X_i = \int d\tau \left(f \dfrac{df}{dx} + f \dfrac{dg}{dy} + f \dfrac{dh}{dz} \right).$

Intégrons comme précédemment par parties nous avons :

$$\int f \frac{dh}{dz}\, dz = fh - \int h \frac{df}{dz}\, dz$$

d'où $\displaystyle\int \int f \frac{dh}{dz}\, d\tau = \int fh\, dx\, dy - \int h \frac{df}{dz}\, d\tau = \int fh\, n\, d\omega$

$$- \int h \frac{df}{dz}\cdot d\tau$$

Donc

$$X_i = \int d\omega\, (lf^2 + mfg + nfh) - \int d\tau \left(f \frac{df}{dx} + g \frac{df}{dy} + h \frac{df}{dz} \right)$$

Mais des relations :
$$\frac{d\alpha}{dt} = \frac{dg}{dz} - \frac{dh}{dy}$$

$$\frac{d\beta}{dt} = \frac{dh}{dx} - \frac{df}{dz}$$

$$\frac{d\gamma}{dt} = \frac{df}{dy} - \frac{dg}{dx}$$

on tire :
$$\frac{df}{dy} = \frac{d\gamma}{dt} + \frac{dg}{dx}$$

$$\frac{df}{dz} = \frac{dh}{dx} - \frac{d\beta}{dt}$$

Et en remplaçant dans la seconde intégrale on a :

$$X_i = \int d\omega\,(lf^2 + mfg + nfh) - \int d\tau \left(f \frac{df}{dx} + g \frac{dg}{dx} + h \frac{dh}{dx} \right)$$

$$+ \int d\tau \left(h \frac{d\beta}{dt} - g \frac{d\gamma}{dt} \right) = \int \frac{d\omega}{2} \left[l\,(f^2 - g^2 - h^2) + 2mfg \right.$$

$$\left. + 2nfh \right] + \int d\tau \left(h \frac{d\beta}{dt} - g \frac{d\gamma}{dt} \right).$$

L'intégrale : $\displaystyle\int \frac{d\omega}{2} \left[l\,(f^2 - g^2 - h^2) + 2mfg + 2nfh \right]$

représente une force agissant sur la surface limitant le volume d'intégration ; les projections de ses composantes élémentaires sont :

$$(f^2 - g^2 - h^2)\frac{d\omega}{2}$$

$$f g \, d\omega$$

$$f h \, d\omega$$

Ces termes représentent l'effet de la pression électrostatique de Maxwell due au champ électrique.

Il reste alors maintenant les deux intégrales

$$X_1 = \int d\tau \left(\beta \frac{dh}{dt} - \gamma \frac{dg}{dt} \right) \quad \text{et} \quad \int d\tau \left(h \frac{d\beta}{dt} - g \frac{d\gamma}{dt} \right)$$

Dont la somme est $\quad \dfrac{d}{dt} \displaystyle\int d\tau \,(\beta h - \gamma g).$

Si le volume d'intégration s'étend à l'espace tout entier, les intégrales correspondant aux pressions de Maxwell disparaissent, le champ étant nul à l'infini et il ne reste plus que l'expression

$$\Sigma X = \frac{d}{dt} \cdot \int d\tau \,(\beta h - \gamma g)$$

qui est la projection de la résultante de translation des actions du champ sur les divers électrons.

Voyons d'après ceci ce que devient le principe de la conservation des quantités de mouvement.

Soit M la masse d'une molécule électrisée ou non ; V_x', V_y', V_z' les 3 composantes de la vitesse.

Elle est soumise à deux sortes de forces :

1° Les forces électro-magnétiques X Y Z ;

2° Les actions des autres molécules X' Y' Z'.

On a donc dans le cas général pour un ensemble de molécules,

$$\sum \frac{d}{dt} M V_x' = \Sigma X + \Sigma X'$$

S'il n'y a pas de champ électro-magnétique $\Sigma X = 0$

Si l'on considère l'ensemble des molécules $\Sigma X' = 0$

Alors dans ce cas

$$\Sigma \frac{d}{dt} M V_x' = 0$$

$$\Sigma M V_x' = C^{te}$$

Si $\Sigma X \neq 0$ on aura :

$$\Sigma \frac{d}{dt} M V_x' = \frac{d}{dt} \int d\tau (\beta h - \gamma g) ;$$

puisque l'on vient de voir que la résultante de translation de l'action du champ sur l'ensemble des molécules était $\dfrac{d}{dt} \int d\tau (\beta h - \gamma g)$.

Ceci peut s'écrire

$$\Sigma M V_x' + \int d\tau (\gamma g - \beta h) = C^{te}.$$

Et l'on pourra encore dire que la somme des quantités de mouvement reste constante à condition d'introduire la quantité de mouvement électro-magnétique représentée par le second terme.

Cette quantité de mouvement électro-magnétique sera un vecteur dont les 3 composantes sont :

$$\int d\tau (\gamma g - \beta h)$$

$$\int d\tau (\alpha h - \gamma f)$$

$$\int d\tau (\beta f - \alpha g)$$

Interprétation de la quantité de mouvement électro-magnétique. — Rappel du théorème de Poynting.

Avec les unités particulières de Lorentz on a pour l'expression de l'énergie totale

$$\int J d\tau = \int d\tau \frac{\Sigma f^2 + \Sigma \alpha^2}{2}$$

Différentions par rapport à t il vient

$$\int \frac{dJ}{dt} d\tau = \int d\tau \left(\Sigma f \frac{df}{dt} + \Sigma \alpha \frac{d\alpha}{dt} \right)$$

qui s'écrit d'après les relations $u = \dfrac{df}{dt} + \rho\xi$, $u = \dfrac{d\gamma}{dy} - \dfrac{d\beta}{dz}$,

$\dfrac{dz}{dt} = \dfrac{dg}{dz} - \dfrac{dh}{dy}$ données plus haut :

$$\int \frac{dJ}{dt}\, d\tau = \int d\tau \left[\Sigma f \left(\frac{d\gamma}{dy} - \frac{d\beta}{dz} - \rho\xi \right) + \Sigma\alpha \left(\frac{dg}{dz} - \frac{dh}{dy} \right) \right]$$

Intégrons par parties ; nous obtenons :

$$\int \frac{dJ}{dt}\, d\tau = \int d\omega \begin{vmatrix} l & m & n \\ \alpha & \beta & \gamma \\ f & g & h \end{vmatrix} - \int \rho\tau\, \Sigma f\xi.$$

Tel est l'accroissement de l'énergie totale renfermée dans le volume d'intégration.

Le terme $\int \rho\, d\tau\, \Sigma f\xi$ représente le travail total des forces agissant sur les électrons ; le travail de la force électro-magnétique est nul puisqu'elle est perpendiculaire à la trajectoire ; ce terme est donc uniquement dû à la force électrique.

La première intégrale représente l'énergie qui pénètre à l'intérieur du volume par suite de la propagation de l'énergie.

Considérons un élément de la surface limite (cosinus directeurs l, m, n) ; la quantité d'énergie qui le traverse est égale à $d\omega$ multiplié par la composante normale du vecteur de Poynting qui a pour composantes

$$\beta h - \gamma g$$
$$\gamma f - \alpha h$$
$$\alpha g - \beta f$$

Si l'on assimile l'énergie à un fluide mobile ; cette quantité doit être égale au produit de la densité d'énergie J par les composantes U_x, U_y, U_z de la vitesse de ce fluide fictif.

On devra donc avoir :

$$\beta h - \gamma g = - J U_x$$
$$\gamma f - \alpha h = - J U_y$$
$$\alpha g - \beta h = - J U_z$$

Et le théorème des quantités de mouvement s'écrit

$$\Sigma \, M \, V_x' + \int J \, U_x \, d\tau = C^{te}$$

On peut donc dire que la quantité de mouvement électro-magnétique est la quantité de mouvement de l'énergie en la supposant localisée d'après les conditions ordinaires, en lui appliquant la vitesse de Poynting.

C'est là une fiction pure ; car une partie de l'énergie peut disparaitre en se transformant en chaleur par exemple ; tandis que dans les quantités de mouvement la masse mécanique reste invariable.

Pression de radiation de Maxwell. — Considérons un rayon lumineux qui se réfléchit sur un miroir, la quantité de mouvement électro-magnétique était, avant de frapper le miroir, égale à l'énergie lumineuse multipliée par la vitesse. Après réflexion cette quantité a changé de signe puisque l'énergie lumineuse est restée la même et que la composante suivant l'axe de x a changé de signe.

Il faudra donc que $\Sigma \, M \, V_x'$ subisse la même variation en sens inverse. C'est donc comme si l'énergie lumineuse était un fluide pesant donnant un choc ou une pression de radiation sur le miroir.

Pour un corps absorbant il n'y a pas changement de signe mais seulement annulation de la quantité de mouvement électro-magnétique, l'effet produit est moitié moindre que dans le cas précédent.

Si l'on a un générateur hertzien ou une source lumineuse au foyer d'un miroir parabolique, celui-ci en renvoyant les ondes dans une seule direction va reculer à la manière d'un canon.

En astronomie on explique d'une façon analogue la répulsion des queues de comètes.

Onde de vitesse et Onde d'accélération. — Nous avons déjà indiqué comment on pouvait trouver le champ, si on connaît les mouvements de tous les électrons.

Considérons un seul de ces électrons et cherchons d'abord les potentiels retardés ψ et F ; ils sont dus à des masses attirantes de densité $\dfrac{\rho}{4\pi}$ et $\dfrac{\rho\xi}{4\pi}$.

On a au point de coordonnées x, y, z au temps t

$$\psi = \int \frac{\rho' \, d\tau'}{4\pi r}$$

ρ' étant la valeur de ρ au point de coordonnées courantes $x'\,y'\,z'$ centre de gravité de l'élément de volume $d\tau'$ au temps $t-r$ r étant la distance de $x\,y\,z$ à $x'\,y'\,z'$ ou, comme nous l'avons vu, le temps nécessaire à l'action pour se transmettre de $x'\,y'\,z'$ en $x\,y\,z$, grâce au choix particulier de l'unité de vitesse.

De même on a :
$$F = \int \frac{\rho'\,\xi'\,d\tau'}{4\pi r}.$$

Considérons un électron isolé et sa trajectoire de $t=-\infty$ à $t=+\infty$ et cherchons l'action au point M_0 $(x_0\,y_0\,z_0\,t_0)$.

Pour que les intégrales donnent quelque chose il faut que l'électron soit au point P_1 $(x_1\,y_1\,z_1\,t_1)$ tel que $r = M_0\,P_1 = t_0 - t_1$. Y a-t-il un tel point pour lequel on a $r - t_0 + t_1 = o$?

Si $t_1 = \infty$, $r = \infty$ mais est plus petit en valeur absolue que t_1 parce que la vitesse de l'électron est plus petite que celle de la lumière.

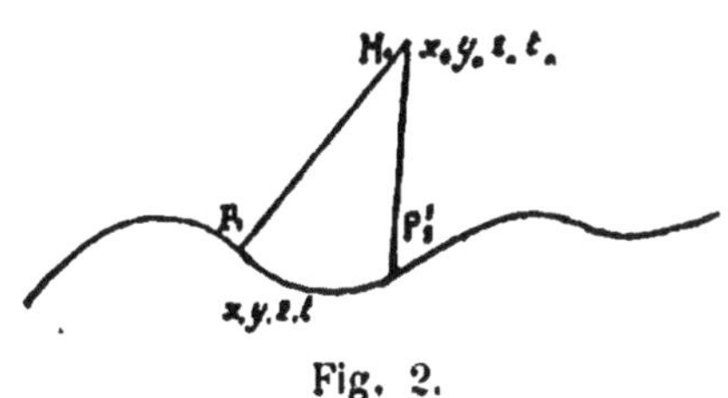

Fig. 2.

l'électron est plus petite que celle de la lumière.

Donc si $t_1 = -\infty$ $r - t_0 + t_1 < o$

et si $t_1 = +\infty$ $r - t_0 + t_1 > o$

Il y a donc au moins une valeur de t_1 pour laquelle la condition est remplie et il n'y en a pas deux, car alors pour les positions P_1 et P'_1 on aurait
$$M_0\,P_1 = t_0 - t_1$$
$$M_0\,P'_1 = t_0 - t'_1 \; .$$

Mais on a $P_1\,P'_1 < t'_1 - t_1$ parce que la vitesse de la lumière est plus grande que celle de l'électron et parce que la trajectoire de l'électron n'est pas rectiligne.

Ceci nous conduirait à l'inégalité $P_1\,P'_1 < M_0\,P_1 - M_0\,P'_1$ qui est impossible.

Si e est la charge totale de l'électron on voit que les potentiels en M_0 (x_0, y_0, z_0, t_0) sont :

$$\psi = \frac{e}{4\pi r}$$

$$F = \frac{e\xi}{4\pi r}$$

Ils dépendent de la position du point P_1 et de la vitesse ξ. Mais si l'on calcule le champ, dans les expressions de α, β, γ ; f, g, h figurent les dérivées des potentiels.

Calculons par exemple $\dfrac{dF}{dy}$; pour cela je donne à y un accroissement dy, le point M_0 vient en M'_0 le point P_1 en P'_1 ; alors F a subi l'accroissement :

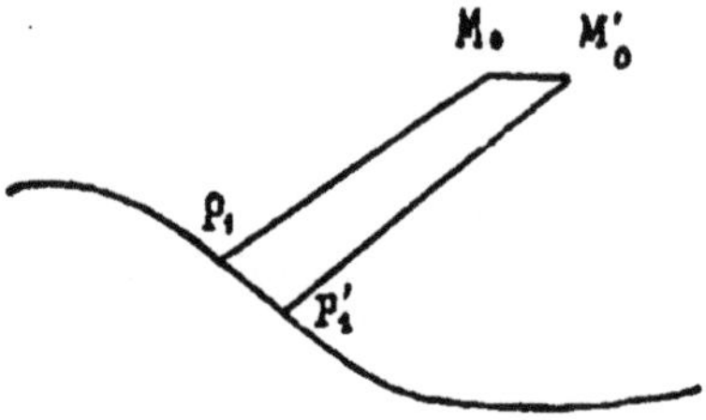

$$\frac{dF}{dy} dy = \frac{e}{4\pi} \xi d\frac{1}{r} + \frac{e}{4\pi r} d\xi$$

$d\dfrac{1}{r}$ ne dépend que de la vitesse de P_1 car il n'y entre que les

Fig. 2.

dérivées de x, y, z ; tandis que $\dfrac{d\xi}{dy}$ dépendra linéairement de l'accélération du point P_1.

Dans les expressions du champ il y aura donc un terme dépendant de la vitesse seulement, c'est *l'onde de vitesse* ; et un terme dépendant de l'accélération, c'est *l'onde d'accélération*.

Nous avons supposé l'électron réduit à un point ; c'est licite si on peut négliger ses dimensions par rapport à sa distance au point M_0. — Si cette approximation n'est plus permise, il faut décomposer l'électron en une somme de petits éléments et faire la somme des actions de ces divers éléments.

Mouvement stationnaire. — C'est celui dans lequel le mouvement est rectiligne et uniforme ; il n'a pas d'intérêt.

Mouvement quasi-stationnaire. — Ici l'accélération au lieu d'être nulle est assez petite pour que l'onde d'accélération devienne négligeable par rapport à l'onde de vitesse.

Introduisons la quantité de mouvement électro-magnétique due au déplacement d'un électron ; c'est $\int d\tau\,(\gamma g - \beta h)$.

Le champ en un point M_0 dépend de la vitesse en P_f ; il faut donc connaître toutes les positions et toutes les vitesses antérieures de l'électron.

Mais l'électron, que nous ne supposons pas ponctuel et qui a seulement des dimensions très petites, donne naissance à un champ qui est en raison inverse du carré de la distance ; par suite les éléments ayant un rôle prépondérant dans l'intégrale appartiennent à des points très voisins de la trajectoire.

Alors $M_0\,P_1$ est très petit et comme $M_0\,P_1 = t_1 - t_0$ t_1 est très voisin de t_0. On n'a donc qu'une portion très petite de la trajectoire à considérer et on peut l'assimiler à une droite ; ce qui permet de faire le calcul comme si le mouvement était rectiligne et uniforme.

Nous allons chercher la quantité de mouvement qui provient du champ dû à l'électron lui-même ; soit $K\,(K_x\,,\,K_y\,,\,K_z)$ cette quantité de mouvement, on a :

$$K^2 = K_x^2 + K_y^2 + K_z^2.$$

Si l'électron était absolument seul, on aurait :

$$\frac{d}{dt}\,(M\,V_x + K_x) = o$$

En tenant compte des forces extérieures qui peuvent agir sur l'électron on a :

$$\frac{d}{dt}\,(M\,V_x + K_x) = X$$

Dans X intervient la force due au champ magnétique produit par tous les électrons autres que celui que l'on considère ; l'action du champ due à celui-ci est précisément représentée par le terme en K_x.

Prenons l'hypothèse de M. Abraham dans laquelle l'électron isotrope est une sphère indéformable.

Le vecteur K_x, K_y, K_z a même direction que $V_x\,V_y\,V_z$ mais K en grandeur est fonction de V.

Je prends pour axe des x la direction de la vitesse à l'instant considéré

alors

$$K_y = K_z = o \qquad K = K_x = \overline{O\,B}$$
$$V_y = V_z = o \qquad V = V_x = \overline{O\,A}$$

Après un temps infiniment petit la vitesse est O A′ et la quantité de mouvement $\overline{O\,B'}$ soit $d\theta = A\,O\,A'$

$$d\,V = d\,V_x$$
$$d\,V_y = V\,d\theta$$
$$d\,K = d\,K_x$$
$$d\,K_y = K\,d\theta$$

Les équations de la quantité de mouvement deviennent

$$M\frac{d\,V_x}{d\,t} + \frac{d\,K}{d\,V}\frac{d\,V_x}{d\,t} = X \text{ puisque } \frac{d\,K_x}{d\,t} = \frac{d\,K_x}{d\,V}\cdot\frac{d\,V}{d\,t} = \frac{d\,K}{d\,V}\cdot\frac{d\,V_x}{d\,t}$$

$$M\frac{d\,V_y}{d\,t} + \frac{K}{V}\frac{d\,V_y}{d\,t} = Y \text{ puisque } \frac{d\,K_y}{d\,t} = K\frac{d\theta}{d\,t} = \frac{K}{V}\cdot\frac{V_x\,d\theta}{d\,t} = \frac{K}{V}\cdot\frac{d\,V_y}{d\,t}$$

Ce qui donne :

$$\left(M + \frac{d\,K}{d\,V}\right)\frac{d\,V_x}{d\,t} = X$$

$$\left(M + \frac{K}{V}\right)\frac{d\,V_y}{d\,t} = Y$$

La masse apparente se compose donc de la masse réelle M et de la mase électro-magnétique qui est suivant le cas $\dfrac{d\,K}{d\,V}$ ou $\dfrac{K}{V}$.

Si l'électron en mouvement tend à se ralentir ou à s'accélérer on voit qu'il a à vaincre : 1° une inertie mécanique et 2° une self induction qui tend à s'opposer à tout changement.

D'autre part, la masse apparente dépend de la vitesse et elle n'est pas la même si le mouvement reste rectiligne ou s'il y a déviation de la vitesse.

On est donc amené à distinguer une masse longitudinale et une masse transversale qui correspondent aux accélérations tangentielles et aux accélérations normales.

Cette analyse de M. Abraham a été soumise à l'expérience par Kaufmann.

On opère sur des rayons cathodiques déviés par un champ électrique et un champ magnétique.

Le rayon est dirigé initialement suivant l'axe des x, le champ électrique suivant l'axe des y et le champ magnétique suivant l'axe des z.

Nous avons dans ces conditions :

$$\left(M + \frac{K}{V}\right)\frac{dV_y}{dt} = e g$$

$$\left(M + \frac{K}{V}\right)\frac{dV_z}{dt} = e V \beta$$

Mais $\dfrac{dV_y}{dt}$ et $\dfrac{dV_z}{dt}$ sont des accélérations normales, on a donc :

$\dfrac{dV_y}{dt} = \dfrac{V^2}{R}$, R rayon de courbure de la projection de la trajectoire

sur le plan des xz.

$\dfrac{dV_z}{dt} = \dfrac{V^2}{R'}$, R' rayon de courbure de la projection de la trajectoire

sur le plan des xy.

Et par suite

$$\left(M + \frac{K}{V}\right)\frac{V^2}{e g} = R$$

$$\left(M + \frac{K}{V}\right)\frac{V}{e\beta} = R'$$

R et R' peuvent être observés avec des rayons cathodiques. — La vitesse de ces rayons est faible (environ 10.000 km.), alors $\dfrac{K}{V}$ est

sensiblement constant et les formules donnent $\dfrac{M + \dfrac{K}{V}}{e}$ et V

On peut également opérer avec les rayons β du radium qui sont à plus grande vitesse que les précédents ; pour tous ces rayons M et e sont les mêmes, ce qui diffère c'est V.

On calcule $M + \dfrac{K}{V}$ en fonction de V ; R et R′ s'expriment en fonction de V d'où en éliminant V une fonction de R et de R′, que l'on compare à la courbe expérimentale que l'on cherche à reconstituer.

M. Kaufmann a trouvé $M = o$; l'inertie est donc d'origine exclusivement électro-magnétique ; il ne faut cependant pas se hâter de conclure que la masse mécanique n'existe pas.

Si K est proportionnel à V, $\dfrac{dK}{dV}$ et $\dfrac{K}{V}$ sont égaux et les masses longitudinales et transversales sont égales.

Mais K n'est pas proportionnel à V puisqu'il tend vers ∞ pour $V = 1$; cependant aux vitesses faibles on peut prendre

$$K = K_0 V + K_1 V^2 + \ldots$$

et si le terme en $K_0 V$ est prépondérant on a bien $M + \dfrac{dK}{dV}$

$$= M + \dfrac{K}{V} = M + K_0$$

K_0 est la masse mécanique ordinaire.

En nous appuyant sur des observations d'optique et le principe de relativité nous allons pouvoir pousser la précision plus loin.

Principe de relativité.

Nous allons examiner l'influence que le mouvement d'un corps peut avoir sur les phénomènes électro-magnétiques dont il peut être le siège. Parmi ces phénomènes se rangent les phénomènes optiques et le plus important d'entre eux est l'aberration astronomique. Rappelons en quelques mots en quoi il consiste. Dirigeons une lunette vers un astre quelconque. Soient A le centre optique de l'objectif et B la croisée des fils du réticule. La lunette est entraînée dans le mouvement de translation de la terre. La vitesse de la lumière n'est pas infinie. Pendant le temps que la lumière met à aller du centre optique A à la croisée des fils du réticule dans le plan focal de la lunette, celle-ci est venue se placer en A′ B′. Lorsque l'on vise une étoile le rayon passe en A et B′ ; l'angle BAB′ est l'angle d'aberration. Cet angle peut aller jusqu'à 20″. On voit que le phénomène ne pourrait pas exister s'il n'y avait pas de vitesse relative de la terre par rapport aux ondes lumineuses ; l'explication suppose que la propagation de la lumière se fait avec la même vitesse que si l'éther était au repos et non entraîné par la terre.

Fresnel a montré que le mouvement de la terre n'a pas d'influence sur la réflexion et la réfraction. Il imagine l'hypothèse suivante : il suppose que dans les milieux réfringents autres que l'air et le vide, il y a entraînement partiel des ondes. Pour voir la valeur du coefficient de cet entraînement, appelons d_0 la densité de l'éther et soit d la densité d'un milieu réfringent quelconque ; la fraction d'éther entraînée est d'après Fresnel

$$\frac{d - d_0}{d} = 1 - \frac{d_0}{d},$$

d'autre part

$$\frac{d_0}{d} = \frac{V^2}{V_0^2}$$

V et V_0 étant les vitesses de propagation des ondes dans les deux milieux de densité d_0 et d ; or

$$\frac{V^2}{V_0^2} = \frac{1}{n^2}$$

n étant l'indice de réfraction du milieu considéré ; donc

$$\frac{d - d_0}{d} = 1 - \frac{1}{n^2},$$

c'est la valeur du coefficient d'entraînement d'après Fresnel.

Ces vues théoriques ont été confirmées par les expériences de Fizeau.

Cette hypothèse semble confirmée par l'expérience proposée par Boscovich et exécutée par Airy (1872), dans laquelle le tube de la lunette était rempli d'eau. Si on remplit d'eau la lunette, la vitesse de la lumière est plus petite que dans l'air ; donc on devrait avoir une nouvelle position apparente, dans une direction obtenue en composant la vitesse de translation de la terre avec la vitesse de la lumière dans l'eau ; l'expérience prouve qu'il n'en est rien. L'angle d'aberration est indépendant du milieu dans lequel on observe ; la grandeur de l'aberration de la lumière ne dépend pas du milieu qui se trouve sur le trajet des rayons (1).

L'aberration dépend de la vitesse relative de la source lumineuse et de la terre et n'apprend rien sur le mouvement absolu de la terre par rapport à l'éther.

Fresnel suppose donc que dans les milieux réfringents autres que l'air et le vide, il y a entraînement partiel des ondes et que la fraction d'éther entraînée est $1 - \frac{1}{n^2}$, n étant l'indice de réfraction du milieu considéré.

Mais alors une difficulté s'élève. Qu'est-ce que n?. Est-ce l'indice de réfraction correspondant à chaque couleur ou bien l'indice moyen. Pour Fresnel, n est l'indice de réfraction moyen ; pour lui, la vitesse d'entraînement de l'éther est indépendante de la longueur d'onde de la lumière. Or en réalité n n'est pas une constante ; il dépend de la couleur du rayon lumineux et n'est pas le même pour un rayon

---

(1) Voir O. D. Chwolson. — *Traité de physique*. Tome deuxième, page 107. Ce résultat est déduit de l'hypothèse de Fresnel, concernant l'entraînement partiel du flux d'énergie rayonnante.

ordinaire et un rayon extraordinaire dans un milieu bi-réfringent. L'hypothèse de Fresnel demande donc à être modifiée. Les expériences de Mascart ont montré en effet que la compensation est parfaite dans tous les cas.

La théorie de Lorentz suppose l'éther immobile ; on en déduit le coefficient d'entraînement de Fresnel et de plus on voit que dans ce coefficient, il faut prendre l'indice n correspondant à la couleur du rayon. Elle rend donc compte des faits. D'une façon générale, elle montre que les phénomènes optiques ne sont pas altérés par le mouvement de la terre, mais il faut faire une hypothèse. Si on veut qu'il en soit ainsi, il faut qu'on néglige dans les formules les termes de l'ordre du carré de l'aberration. Si on prend pour unité de vitesse, la vitesse de la lumière, la vitesse de la terre est représentée par la fraction $\dfrac{1}{10\,000}$ et les termes à négliger seront de l'ordre de $\dfrac{1}{10^8}$. Montrons qu'en négligeant ces termes, on obtient bien la compensation désirée. Prenons le phénomène le plus simple, la mesure de la vitesse de la lumière par Fizeau, par exemple :

Soit d la distance qui sépare le miroir de la source ; le temps mis à l'aller est $\dfrac{d}{V-v}$ et au retour $\dfrac{d}{V+v}$; le temps total est donc :

$$\frac{d}{V-v}+\frac{d}{V+v}=\frac{d}{V}+\frac{dv}{V^2}+\frac{dv^2}{V^3}+\dots\dots$$

$$+\frac{d}{V}-\frac{d\,v}{V^2}+\frac{d\,v^2}{V^3}+\dots\dots$$

ou $\dfrac{2d}{V}$, si on néglige les termes en $\dfrac{v^2}{V^2}$. La compensation a donc lieu aux termes du second ordre près.

On en était là, lorsque Michelson entreprit des expériences d'interférence très précises, qui auraient dû mettre en évidence les termes de l'ordre de $\dfrac{v^2}{V^2}$. C'est ce qui fait leur importance, car le résultat négatif a amené une nouvelle hypothèse qui devait conduire au principe de relativité. Voici en quoi consiste sommairement l'expérience. Le rayon lumineux L rencontre sous un angle de 45° une plaque de verre P, glace sans tain argentée très mince, à demi-transparente ; il est en partie transmis, en partie reflété. Le rayon réfléchi, tombe normalement sur un miroir S_1 ; le rayon transmis tombe de même normalement sur le miroir S_2. Les miroirs S_1 et S_2 sont sensiblement à la même distance l de P. Les deux rayons rebroussent chemin vers le miroir P où ils se reflètent ou se réfractent et passent. Ils se recouvrent alors et donnent lieu à des phénomènes d'interférence, que l'on observe au foyer d'une lunette F. Si l'on fait tourner légèrement le miroir S_1, on doit voir des franges équidistantes. Cet appareil s'appelle l'interféromètre de Michelson (1881). Tout l'instrument, y compris la source lumineuse et le dispositif d'observation, peut pivoter autour d'un axe vertical ; et il y a à considérer deux positions principales, celles dans lesquelles le premier ou le second bras sont sensiblement dans la direction du mouvement de la terre. Si l'on admet la théorie de Fresnel, on doit s'attendre à observer un déplacement des franges quand on passe d'une des positions principales à l'autre. Mais on n'en trouve nulle trace. Fallait-il donc en conclure que l'éther est entraîné totalement dans le mouvement de la terre ? MM. Morley et Michelson reprirent leurs expériences, augmentèrent le nombre des réflexions. Les miroirs furent supportés par une lourde pierre très facile à tourner sur le bain de mercure où elle reposait. Le chemin parcouru par les rayons s'élevait à 22 mètres et le déplacement aurait dû être parfaitement perceptible. Ou bien encore, M. Michelson faisait interférer des rayons ayant une grande différence de marche ; il revenait au bout de douze heures, quand la vitesse de translation de la terre a changé de signe ; les franges n'avaient pas bougé. La compensation se produit donc même pour les termes du second ordre.

Alors peut-être l'entraînement de l'éther est-il total ? Les phéno-mènes seraient bien alors indépendants du mouvement de la terre. Mais il faudrait trouver une autre explication de l'aberration ; on pourrait d'ailleurs en imaginer une, en tenant compte de la réfraction qui se produirait au passage de l'éther en repos à l'éther en mouvement.

Mais les vues théoriques de Fresnel relatives à l'entraînement partiel de l'éther ont été confirmées par les expériences de Fizeau. Ce savant mettait en évidence cet entraînement partiel des ondes au moyen du déplacement des franges d'interférence, qui avaient traversé l'eau en mouvement; il utilisait une vitesse de 7 mètres par seconde. De plus, le déplacement des franges avait lieu tantôt à droite, tantôt à gauche, suivant le sens du mouvement de l'eau. La valeur de ce déplacement coïncidait sensiblement avec le résultat théorique de Fresnel. Ces mêmes expériences répétées avec l'air ont donné un résultat négatif, conforme encore aux vues théoriques de Fresnel.

Ces **expériences** de Fizeau ont été reprises dans des conditions plus favorables par MM. Michelson et Morley et les conclusions sont les mêmes.

Lorentz donna alors une nouvelle explication qui repose sur les deux principes que nous allons examiner.

1° *Emploi du temps réduit ou apparent.* — Supposons deux observateurs A et B qui veulent régler leur montre l'un sur l'autre.

A fait un signal que B observe; le signal met un certain temps pour aller de A en B; ils croisent les signaux, on constate ainsi la différence de marche des deux montres; on prend la moyenne pour vraie valeur.

Mais est-ce la vraie valeur? oui si la vitesse de la lumière est la même en allant de A vers B ou de B vers A.

Si les deux observateurs sont entraînés dans un mouvement de translation de grandeur v et de sens A B:

de A en B la vitesse est $V - v$ et le temps mis par le signal pour aller de A en B est $\dfrac{d}{V - v}$

de B en A la vitesse est $V + v$ et le temps mis est $\dfrac{d}{V + v}$. Si on prend la moyenne des deux différences de marche observée après avoir réglé sa montre, B retardera sur A de $\dfrac{d v}{V^2}$ et les 2 observateurs ne s'en apercevront pas s'ils ignorent le mouvement de translation. Ils auraient un moyen de s'en apercevoir s'ils disposaient d'une autre vitesse de transmission (mais pas dans un milieu matériel);

par exemple de plusieurs espèces de lumières ayant des vitesses différentes. Mais si tous les phénomènes sont d'origine électromagnétique il n'y a pas d'autre vitesse que celle de la lumière.

Donc si deux observateurs sont entraînés dans un mouvement de translation qu'ils ignorent, non seulement ils rapportent les phénomènes à des axes mobiles qu'ils croient fixes ; mais encore ils commettent une erreur sur le temps ; cette hypothèse rendait compte de tous les phénomènes de compensation des termes de 1er ordre.

2e *Hypothèse.* — Lorentz et Fitzgérald ont supposé que quand un corps, quel qu'il soit, est entraîné, il subit une contraction dans le sens du mouvement de translation égale à $\dfrac{v^2}{2}$ [V étant toujours notre unité].

Ce qui précède nous conduit à un décalage dans le temps tel que l'on ait t_a étant le temps apparent et t_r le temps réel

$t_a = t_r + C$; la constante dépendant de la position du point.

Mais ceci n'est pas suffisant, il faut encore supposer que l'on a :

$$t_a = K t_r + C$$

L'introduction du coefficient K revient à admettre que les phénomènes mécaniques sont accélérés par un mouvement de translation. Les constantes K et C dépendront de v, et C continue à dépendre de la position du point.

Ceci rend compte de la compensation tout au moins en optique.

Si une source est au repos les différentes ondes émanées sont des sphères.

Si la source est en mouvement qu'arrivera-t-il ?

Considérons une onde émise à un instant antérieur, où la source était en S′. Si le temps écoulé est t on a :

$$S S' = t\, t \qquad (t \text{ vitesse de translation de la source})$$
$$S' P = t$$

Pour les différentes sphères qui ne sont plus concentriques on a :

$$\frac{S S'}{S' P} = t$$

elles sont donc homothétiques par rapport au centre S.

Mais tous les corps subissent une contraction dans le sens S S′ ;

les ondes sont restées sphériques de sorte que pour l'observateur elles paraissent avoir subi une dilatation dans le sens du mouvement. Les sphères seront donc pour cet observateur des ellipsoïdes homothétiques par rapport au point S.

Nous choisirons la grandeur de la contraction de façon que S soit le foyer commun de tous ces ellipsoïdes (1).

---

(1) Le raisonnement et le calcul ont été donnés très rapidement par M. Poincaré; le texte reproduit nos notes telles quelles; l'application qui va suivre sera peut être, un complément utile, notamment en ce qui concerne la signification géométrique du coefficient ϵ.

Les sphères du monde réel se transforment en ellipsoïdes dans le monde idéal; le centre des sphères devient le centre des ellipsoïdes; le petit axe reste égal au rayon de la sphère correspondante, parce que la dilatation apparente a lieu suivant le grand axe; ce rayon est égal au temps t_r, parce que la vitesse de propagation de la lumière est la vitesse prise pour unité.

Nous choisissons ϵ de façon que la position de S coïncide avec le foyer F. Or la dilatation dans le sens de l'axe est égale à $\dfrac{a}{b}$; donc les deux segments $FO = c$ et $SS' = \epsilon t_r$ (ou $= \epsilon b$) doivent être l'un à l'autre dans ce même rapport. On a donc :

$$\frac{FO}{SS'} = \frac{a}{b} \quad \text{ou} \quad \frac{c}{\epsilon b} = \frac{a}{b}$$

d'où :

$$\epsilon = \frac{c}{a}$$

de sorte que ϵ est l'excentricité.

Soient alors FX' l'axe des abscisses et ρ le rayon vecteur de l'ellipse méridienne. Si nous prenons pour variables indépendantes le rayon vecteur ρ et l'abscisse x', d'un point dans le monde idéal, nous aurons, d'après un théorème connu de géométrie.

$$\rho = \epsilon x' + b \sqrt{1 - \epsilon^2};$$

ou, en appelant t_a le temps apparent, qui est égal à ρ et en remplaçant b par t_r :

$$t_a = t_r \sqrt{1 - \epsilon^2} + \epsilon x'.$$

Comparons cette équation aux formules de transformation de Lorentz qui sont données plus loin; le temps réel t_r devient t, le temps apparent t_a devient t'. Des deux premières formules de la transformation de Lorentz :

$$x' = k(1 + \epsilon t) \qquad t' = k(t + \epsilon x) \qquad \left(k = \frac{1}{\sqrt{1 - \epsilon^2}} \right)$$

on tire, par élimination de x, l'équation

$$t' = t \sqrt{1 - \epsilon^2} + \epsilon x'$$

identique à celle que nous venons d'obtenir.

Remarquons enfin que l'équation

$$\rho = \epsilon x' + b \sqrt{1 - \epsilon^2}$$

étant une relation entre $\dfrac{\rho}{b}$ et $\dfrac{x'}{b}$, on obtient bien, en faisant varier b, c'est-à-dire t_r des ellipses homothétiques par rapport à F, leur foyer commun.

POMEY.

Traçons la directrice PQ de l'ellipse méridienne. Le temps réel mis par la lumière pour aller de F en M est b (petit axe de l'ellipse); car l'onde de l'espace réel est une sphère de rayon b; le petit axe de l'ellipsoïde ayant conservé sa grandeur sans subir de dilatation.

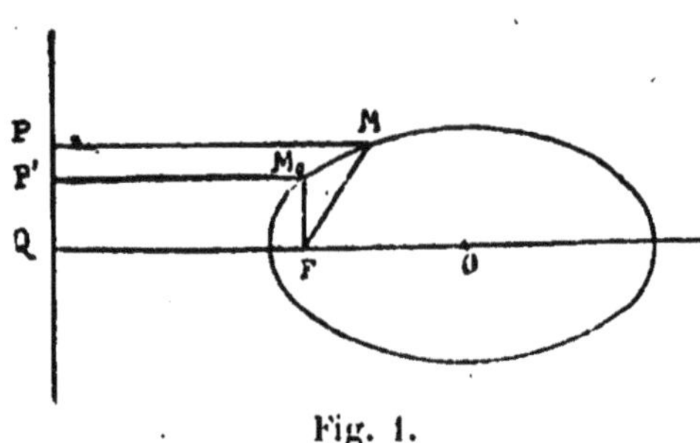

Fig. 1.

Le temps apparent est une fonction $\alpha b + \beta$ du temps réel; dans laquelle β dépend des abscisses des deux points F et M ou encore de leur différence (MP — FQ); on a donc:

$$\beta = \gamma\,(MP - FQ)$$

Menons M_0F perpendiculaire au grand axe, ce vecteur est égal au paramètre p de l'ellipse qui lui-même est égal à $\varepsilon\,FQ$

d'où:
$$M_0F = p = \varepsilon\,FQ$$

Nous voulons que le temps apparent soit le même que si l'on était au repos, c'est-à-dire que l'on ait :

$$\alpha b + \beta = MF$$

Ou d'après ce qui précède $\quad MF - \alpha b = \beta = \gamma\,(MP - FQ)$

or $\qquad\qquad MF = \varepsilon\,MP$

Donc $\quad \gamma = \varepsilon \quad \alpha b = \gamma\,FQ = \varepsilon\,FQ = p = b\sqrt{1 - \varepsilon^2}$

et $\qquad\qquad \alpha = \sqrt{1 - \varepsilon^2}$

De cette façon le temps apparent mis pour aller de F en M sera mesuré par FM; donc aucun phénomène optique ne pourra mettre en évidence le mouvement de la terre. Si entre deux rayons il existe des différences de marche elles sont conservées dans un mouvement de translation; pour des directions de rayons c'est la même chose, le temps mis à parcourir un chemin est toujours un minimum.

Ceci est vrai si l'on n'a que des réflexions; que se passe-t-il dans un milieu réfringent? Cela dépend de la façon dont on envisage la réfraction. Nous considérons qu'elle est due à une diffraction produite sur les molécules du corps réfringent.

C'est la diffraction qui produit le bleu du ciel...

Lorentz suppose donc qu'il a un éther immobile ayant toutes les propriétés de l'éther du vide ; dans cet éther sont des électrons. La réfraction s'explique par la diffraction sur ces électrons. Ceci explique la compensation parfaite que l'on observe dans toutes les expériences d'optique.

On a également la compensation dans les phénomènes électriques, mais ici la précision des expériences est moindre.

On est arrivé à croire que le principe de relativité était parfaitement exact.

Transformation de Lorentz

Je récris les équations de Lorentz.

$$\alpha = \frac{d\,H}{dy} - \frac{d\,G}{dz} \qquad\qquad \frac{df}{dt} + \rho\xi = \frac{d\gamma}{dy} - \frac{d\beta}{dz}$$

$$f = \frac{d\,F}{dt} - \frac{d\psi}{dx} \qquad\qquad \frac{d\alpha}{dt} = \frac{dg}{dz} - \frac{dh}{dy}$$

$$\frac{d\rho}{dt} + \Sigma\,\frac{d.\,\rho\,\xi}{dx} = 0 \qquad\qquad \Sigma\,\frac{df}{dx} = \rho$$

$$\Box\,\psi = -\,\rho \qquad\qquad \frac{d\psi}{dt} + \Sigma\,\frac{d\,F}{dx} = 0$$

$$\Box\,F = -\,\rho\,\xi$$

Les équations de la seconde colonne étant des conséquences de celles de la première.

Je fais le changement de variable :

$$x' = k\,(x + \varepsilon t)$$

$$t' = k\,(t + \varepsilon x)$$

$$y' = y.$$

$$z' = z. \qquad\qquad \text{avec } k = \frac{1}{\sqrt{1 - \varepsilon^2}}$$

Cette transformation correspond au passage du temps vrai au

temps apparent ; et des coordonnées vraies aux coordonnées apparentes.

On a de suite :

$$x'^2 + y'^2 + z'^2 - t'^2 = x^2 + y^2 + z^2 - t^2$$

D'autre part si l'on définit la quantité $\square'$ par

$$\square' = \frac{\partial^2}{\partial x'^2} + \frac{\partial^2}{\partial y'^2} + \frac{\partial^2}{\partial z'^2} - \frac{\partial^2}{\partial t'^2}$$

on a
$$\square' = \square$$

Une sphère animée d'un mouvement de translation uniforme se transforme en un ellipsoïde animé d'un mouvement de translation uniforme.

Les volumes sont multipliés par $\dfrac{1}{k(1 + \xi\varepsilon)}$

La charge totale ne doit pas être altérée donc $\rho\, d\tau = \rho'\, d\tau'$

$$\frac{\rho'}{\rho} = \frac{d\tau}{d\tau'} = k(1 + \xi\varepsilon)$$

et
$$\rho' = \rho k(1 + \xi\varepsilon)$$

Cherchons les vitesses :

$$\xi' = \frac{dx'}{dt'} = \frac{dx + \varepsilon dt}{dt + \varepsilon dx} = \frac{\xi + \varepsilon}{1 + \varepsilon\xi}$$

$$\eta' = \frac{dy'}{dt'} = \frac{dy}{k(dt + \varepsilon dx)} = \frac{\eta}{k(1 + \varepsilon\xi)}$$

$$\xi' = \frac{dz'}{dt'} = \frac{dz}{k(dt + \varepsilon dx)} = \frac{\zeta}{k(1 + \varepsilon\xi)}$$

$$\rho'\xi' = k[\rho\xi + \varepsilon\rho]$$

$$\rho'\eta' = \rho\eta$$

$$\rho'\zeta' = \rho\zeta$$

$\rho,\ \rho\xi,\ \rho\eta,\ \rho\zeta$ subissent donc la même tranformation que t, x, y, z.

Je poserai d'autre part :

$$\square' \, \psi' = \square \, \psi' = - \rho'$$
$$\square \, F' = - \rho' \xi'$$
$$\square \, G' = - \rho' \eta'$$
$$\square \, H' = - \rho' \zeta'$$

De sorte que F', G', H' sont des potentiels retardés corrrespondants aux densités $\dfrac{\rho'}{4\pi}$, $\dfrac{\rho'\xi'}{4\pi}$, $\dfrac{\rho'\eta'}{4\pi}$, $\dfrac{\rho'\zeta'}{4\pi}$.

Entre ψ, F, G, H et $\psi'\, F'\, G'\, H'$ nous trouvons encore les mêmes relations linéaires qu'entre t, x, y, z et $t,' x,' y,' z'$

$$\psi' = k\,(\psi + \varepsilon F).$$
$$F' = k\,(F + \varepsilon \psi).$$
$$G' = G.$$
$$H' = H.$$

Nous définirons le champ transformé α', β', γ' ; f', g', h' de façon à conserver les équations de Lorentz, nous poserons donc :

$$\alpha' = \frac{d\,H'}{d\,y'} - \frac{d\,G'}{d\,z'},$$
$$f' = - \frac{d\,F'}{d\,t'} - \frac{d\,\psi'}{d\,x'}.$$

On trouve facilement :

$$f' = f \; ; \quad g' = k\,(g + \varepsilon\gamma) \; ; \quad h' = k\,(h - \varepsilon\beta)$$
$$\alpha' = \alpha \; ; \quad \beta' = k\,(\beta - \varepsilon h) \; ; \quad \gamma' = k\,(\gamma + \varepsilon g).$$

Remarquons dans l'expression du champ apparent que g' par exemple dépend non seulement du champ électrique réel mais encore du champ magnétique réel.

Par toutes ces transformations les équations de Lorentz ne sont pas altérées.

Je vais maintenant démontrer une formule dont nous nous servirons plus tard.

On a :

$$V = \sqrt{\xi^2 + \eta^2 + \zeta^2}$$

$$V' = \sqrt{\xi'^2 + \eta'^2 + \zeta'^2}$$

Calculons $1 - V'^2$; on a :

$$1 - V'^2 = 1 - \xi'^2 - \eta'^2 - \zeta'^2 = 1 - \frac{(\xi + \varepsilon)^2}{(1 + \varepsilon\xi)^2} - \frac{\eta^2 + \zeta^2}{k^2 (1 + \varepsilon\xi)^2}$$

$$= 1 - \frac{(\xi + \varepsilon)^2}{(1 + \varepsilon\xi)^2} - \frac{(\eta^2 + \zeta^2)(1 - \varepsilon^2)}{(1 + \varepsilon\xi)^2}$$

$$= \frac{(1 + \varepsilon\xi)^2 - (\xi + \varepsilon)^2 - (1 - \varepsilon^2)(\eta^2 + \zeta^2)}{(1 + \varepsilon\xi)^2} = \frac{(1 - V^2)(1 - \varepsilon^2)}{(1 + \varepsilon\xi)^2}$$

D'où la formule :

$$\sqrt{\frac{1 - V'^2}{1 - V^2}} = \frac{1}{k(1 + \varepsilon\xi)} = \frac{d\tau'}{d\tau}.$$

En résumé, la transformation de Lorentz fait correspondre à un phénomène réel qui se passe en x, y, z à l'instant t, un phénomène idéal qui en est l'image et qui se passe en x', y', z' à l'instant t'.

Pour que les équations de Lorentz ne soient pas altérées nous avons vu comment il fallait définir, les potentiels et les champs, dans le monde idéal.

Nous avons vu également que

$$\rho, \ \rho\xi, \ \rho\eta, \ \rho\zeta \qquad \text{d'une part}$$

$$\psi, \ F, \ G, \ H \qquad \text{d'autre part}$$

subissent la même transformation linéaire de t, x, y, z pour lesquels on a :

$$t' = k(t + \varepsilon x).$$

$$x' = k(x + \varepsilon t).$$

$$y' = y.$$

$$z' = z.$$

Nous avons démontré également que l'on a :

$$\frac{dt'}{dt} = k(1 + \varepsilon\xi) = \frac{d\tau}{d\tau'} = \frac{\rho'}{\rho} = \sqrt{\frac{1 - V^2}{1 - V'^2}}$$

Cependant ce qui est accessible dans le monde idéal ce n'est pas le champ, mais des effets et en particulier les mouvements des corps matériels et ceux des électrons. Il nous faut donc montrer maintenant que pour l'observateur du monde idéal, les lois de ces mouvements sont les mêmes que si tout était au repos ; d'où le principe de relativité.

Voyons le sens de l'égalité $d\tau\, dt = d\tau'\, dt'$.

Un phénomène réel se passe en $x\,y\,z\,t$; son image dans le monde idéal se passe en $x'\,y'\,z'\,t'$ et l'on a : $dx\,dy\,dz\,dt = dx'\,dy'\,dz'\,dt'$

Et en étendant ceci à un ensemble de valeurs $x\,y\,z\,t$ et aux valeurs correspondantes $x'\,y'\,z'\,t'$ $\quad \int dx\,dy\,dz\,dt = \int dx'\,dy'\,dz'\,dt'$

Prenons des points dans le plan des xy on a $z = o$ $z' = o$.

Les points correspondants auront pour coordonnées

$$x\,y\,t \quad \text{et} \quad x'\,y'\,t'$$

Mais on peut les représenter par un point dans l'espace et en considérant un ensemble de points j'aurai deux volumes correspondants qui seront égaux.

D'autre part, le déterminant fonctionnel de la transformation linéaire est

$$\begin{vmatrix} k & o & o & k\varepsilon \\ 0 & 1 & 0 & 0 \\ 0 & 0 & 1 & 0 \\ k\varepsilon & o & o & k \end{vmatrix} = k^2\,(1 - \varepsilon^2) = 1$$

Pour avoir la représentation de $d\tau\, dt$ et $d\tau'\, dt'$ nous considérons un certain volume de l'espace réel qui se déplace d'un mouvement rectiligne et uniforme ; il correspond à un volume $d\tau'$ de l'espace idéal qui se déplace aussi d'un mouvement uniforme.

Pour avoir le rapport $\dfrac{dt'}{dt}$ suivons un électron au bout du temps dt dans le monde réel on aura $dx = \xi\,dt$; mais $dt' = k\,(1 + \varepsilon\xi)\,dt$

d'où $$\frac{dt'}{dt} = k\,(1 + \varepsilon\xi). \qquad \text{(cf. note page 52)}$$

Maintenant supposons que nous ayons $z = z' = o$ cela revient à considérer une aire du plan des xy entraînée d'un mouvement uniforme qui engendre un cylindre oblique. L'image de ce cylindre dans le monde idéal est une autre cylindre oblique

Considérons un cylindre limité aux plans $t = o$ et $t = dt$; l'image sera également un cylindre limité.

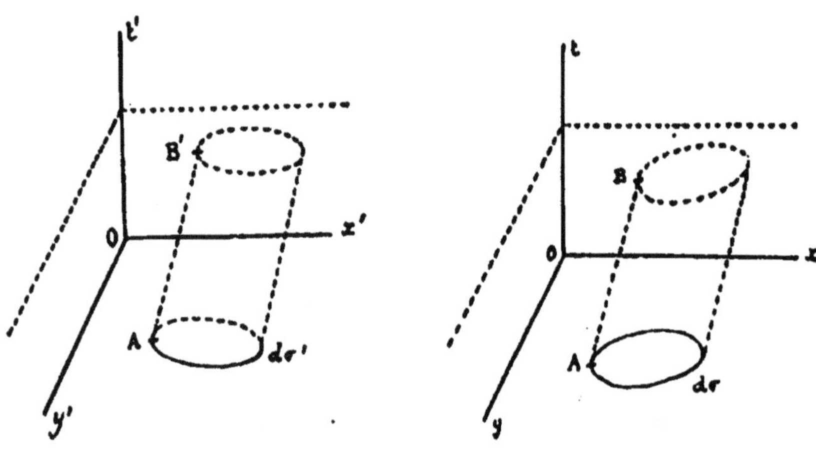

Fig. 5.   Fig. 6.

Si $d\sigma'_i$ est la section droite du nouveau cylindre et $d\sigma_i$ celle du cylindre réel on aura :

$$d\sigma'_i = d\tau' \cos \varphi' \qquad \varphi' : \text{angle de l'arête avec } ot'$$

D'autre part $\qquad d\sigma_i = d\sigma \cos \varphi \qquad \varphi : \text{angle de l'arête avec } ot$

Pour les arêtes des cylindres on a :

$$dt = AB \cos \varphi$$
$$dt' = A'B' \cos \varphi'$$

NOTE. — L'élément $dx'\,dy'\,dz'\,dt'$ est égal à $dx\,dy\,dz\,dt$ multiplié par le Jacobien de $x'\,y'\,z'\,t'$ par rapport à $x\,y\,z\,t$. On a pour ce Jacobien :

$$\begin{vmatrix} k & o & o & kt \\ 0 & 1 & 0 & 0 \\ 0 & 0 & 1 & 0 \\ kt & o & o & k \end{vmatrix} = \begin{vmatrix} 1 & 0 \\ 0 & 1 \end{vmatrix} \times \begin{vmatrix} k & kt \\ kt & k \end{vmatrix} = k^2 - k^2 t^2 = 1.$$

Donc on a :

$$dx'\,dy'\,dz'\,dt' = dx\,dy\,dz\,dt$$

et par suite

$$\frac{d\tau'}{d\tau} = \frac{dx'\,dy'\,dz'}{dx\,dy\,dz} = \frac{1}{\dfrac{dt'}{dt}} = \frac{1}{k(1+et)}$$

Et comme les volumes se conservent on tire :

$$A B \, d\sigma_{,} = A' B' \, d\sigma',$$

d'où

$$A B \, d\sigma \cos \varphi = A' B' \, d\sigma' \cos \varphi'$$

et

$$d\sigma \, dt = d\sigma' \, dt'$$

En introduisant la variable z rien n'est changé mais on a

$$d\tau \text{ et } d\tau' \text{ au lieu de } d\sigma \text{ et } d\sigma'.$$

Examinons maintenant ce que devient le mouvement d'un électron.

La force qui agit sur un électron c'est $X d\tau, Y d\tau, Z d\tau$ avec

$$X = \rho \, (f + \eta \gamma - \zeta \beta)$$
$$Y = \rho \, (g + \zeta \alpha - \xi \gamma)$$
$$Z = \rho \, (h + \xi \beta - \eta \alpha)$$

J'introduis la quantité $T = X\xi + Y\eta + Z\zeta = \rho (f\xi + g\eta + h\zeta)$.

Cherchons les mêmes quantités dans le monde idéal, nous avons :

$$X' = \rho' \, (f' + \eta' \gamma' - \zeta' \beta') = k \, (\rho + \varepsilon \rho \xi) \, f + \rho \eta \, k \, (\gamma + \varepsilon g) -$$
$$\rho \zeta \, k \, (\beta - \varepsilon h) = k \, (X + \varepsilon T)$$

$$Y' = \rho' \, (g' + \zeta' \alpha' - \xi' \gamma') = k^2 \, (\rho + \varepsilon \rho \xi) \, (g + \varepsilon \gamma) + \rho \zeta \alpha -$$
$$(\rho \xi + \varepsilon \rho) \, k^2 \, (\gamma + \varepsilon g) = Y$$

$$Z' = \rho' \, (h' + \xi' \beta' - \eta' \alpha') = Z$$

$$T' = \rho' \, (f' \xi' + g' \eta' + h' \zeta') = k \, (\rho \xi + \varepsilon \rho) \, f + \rho \eta \, k \, (g + \varepsilon \gamma) +$$
$$\rho \zeta \, k \, (h - \varepsilon \beta) = k \, (T + \varepsilon X)$$

$X \, Y \, Z \, T$ subissent donc la même transformation linéaire que x, y, z, t.

Mais $d\tau \, dt = d\tau' \, dt$ donc

$$dt \int X d\tau, \, dt \int Y d\tau, \, dt \int Z d\tau, \, dt \int T d\tau$$

subissent aussi la même transformation.

Faisons maintenant l'hypothèse (K est ici la quantité de mouvement électro-magnétique)

$$K = \frac{V}{\sqrt{1 - V^2}} = V M \qquad \text{avec } M = \frac{1}{\sqrt{1 - V^2}}$$

On aura :
$$K_x = \xi M$$
$$K_y = \eta M$$
$$K_z = \zeta M \quad \text{puisque les cosinus directeurs}$$

de K sont $\dfrac{\xi}{V}$, $\dfrac{\eta}{V}$, $\dfrac{\zeta}{V}$.

Je dis que l'on a : $\quad d M = \xi\, d K_x + \eta\, d K_y + \zeta\, d K_z.$

En effet cela revient à dire que l'on a :

$$d M = \Sigma \xi\, d K_x = \Sigma M \xi\, d\xi + \Sigma \xi^2\, d M = M V\, d V + V^2\, d M$$

égalité qui est évidente d'après la définition de M.

Mais alors $\quad d M = \Sigma \xi\, d K_x = \Sigma\, d t \int X \xi\, d\tau = d t \int T\, d\tau.$

Finalement nous avons les 4 relations :

$$d K_x = d t \int X\, d\tau$$
$$d K_y = d t \int Y\, d\tau$$
$$d K_z = d t \int Z\, d\tau$$
$$d M = d t \int T\, d\tau$$

dans lesquelles les seconds membres subissent comme nous l'avons déjà dit la même tranformation linéaire que x, y, z, t si l'on passe du monde réel au monde idéal. Il faut donc démontrer qu'il en est de même des premiers membres.

Or on a

$$\frac{M}{\rho} = \frac{K_x}{\rho \xi} = \frac{K_y}{\rho \eta} = \frac{K_z}{\rho \zeta} = \frac{M'}{\rho'} = \frac{K_x'}{\rho' \xi'} = \frac{K_y'}{\rho' \eta'} = \frac{K_z'}{\rho' \zeta'}$$

Donc K_x, K_y, K_z et M subissent la même transformation que $\rho \xi$, $\rho \eta$, $\rho \zeta$ et ρ c'est-à-dire que x, y, z, t.

Il en est de même de $d K_x$, $d K_y$, $d K_z$, $d M$.

Ceci nous montre que les équations du mouvement ne sont pas altérées.

Cependant tout ceci est subordonné à notre hypothèse K = V M. C'est cette hypothèse de Lorentz que nous allons examiner maintenant en la comparant à celle d'Abraham.

Abraham suppose que les électrons sont des sphères indéformables.

Lorentz admet que les électrons sont des sphères déformables qui deviennent des ellipsoïdes quand l'électron est en mouvement.

Les deux cas se résument dans le tableau ci-dessous :

	Abraham.	Lorentz.
Electron réel.	Sphère.	Ellipsoïde.
Electron idéal	Ellipsoïde.	Sphère.

Nous allons calculer la quantité de mouvement d'un électron en prenant pour axe des x la direction du mouvement.

Nous avons
$$K = \int (g\gamma - h\beta)\, d\tau.$$

Nous diviserons l'énergie électrique en 2 parties :

$1°$ l'énergie électrique longitudinale $A = \dfrac{1}{2} \int f^2\, d\tau.$

$2°$ l'énergie électrique transversale $B = \dfrac{1}{2} \int (g^2 + h^2)\, d\tau.$

Nous ferons de même pour l'énergie magnétique ; mais comme nous considérons un électron en mouvement quasi-stationnaire, tout se passe comme si le mouvement était rectiligne et uniforme ; d'autre part comme nous n'envisageons que le champ dû à l'électron lui-même on a :
$$\alpha = \alpha' = 0$$

Energie magnétique longitudinale   O

Energie magnétique transversale $C = \dfrac{1}{2} \left(\int \beta^2 + \gamma^2\right) d\tau.$

Pour l'électron idéal nous désignerons les quantités correspondantes par A', B', C'. Il faut choisir la quantité ε de la transformation de Lorentz de façon que l'électron idéal paraisse au repos à un observateur entraîné dans un mouvement de translation.

On devra donc avoir :
$$\xi' = \eta' = \zeta' = 0$$
$$\beta' = \gamma' = 0.$$

D'où
$$\beta = \epsilon h \qquad f = f'$$
$$\gamma = -\epsilon g \qquad g' = k(g + \epsilon \gamma) = g k (1 - \epsilon^2) = \frac{g}{k}.$$
$$k g' = g.$$
$$k h' = h.$$

Calculons $\mathrm{K} = \int (g\gamma - h\beta)) \, d\tau$.

Nous avons en remplaçant
$$\mathrm{K} = -\epsilon \int (g^2 + h^2) \, d\tau = -2 \epsilon \mathrm{B}.$$

D'autre part :
$$2\,\mathrm{B}' = \int (g'^2 + h'^2) \, d\tau'$$

$\dfrac{d\tau}{d\tau'} = k(1 + \epsilon \xi) = k(1 - \epsilon^2)$ puisque l'électron idéal étant au

repos, on a : $\xi = -\epsilon$
$$\frac{d\tau}{d\tau'} = k(1 - \epsilon^2) = \frac{1}{k}$$

Et alors
$$2\,\mathrm{B}' = \frac{2\,\mathrm{B}}{k}$$

Et
$$\mathrm{K} = -2\epsilon \mathrm{B} = -2\epsilon k \mathrm{B}'$$

On est ramené au calcul de B', qui est celui de l'énergie électrique de l'électron au repos.

Dans la théorie d'Abraham, on est ramené à chercher l'attraction newtonnieme des ellipsoïdes ; ce calcul a donné la formule compliquée :
$$\frac{d}{d\epsilon} \frac{1 - \epsilon^2}{\epsilon} \log \frac{1 + \epsilon}{1 - \epsilon}$$

Dans la théorie de Lorentz l'électron est une sphère de rayon constant. Donc B' est une constante et
$$\mathrm{K} \text{ est proportionnel à } \epsilon k = \frac{\epsilon}{\sqrt{1 - \epsilon^2}}$$

Or ϵ c'est la vitesse de l'électron   donc
$$\mathrm{K} \text{ est proportionnel à } \frac{\mathrm{V}}{\sqrt{1 - \mathrm{V}^2}}$$

Alors, moyennant ce choix de ϵ qui est tel que l'électron idéal est au repos ; toutes les lois du mouvement de l'électron sont les mêmes pour un observateur entraîné dans un mouvement dont il n'a pas conscience que s'il était parfaitement immobile.

C'est là le principe de relativité.

Nous avons vu que nous avions dû supposer que les électrons subissent une déformation lorsqu'ils sont en mouvement.

D'autre part, dans le premier membre de nos équations du mouvement ne figurent que des quantités de mouvements électro-magnétiques et dans le second membre que des forces électro-magnétiques ; pour que ces équations ne soient pas altérées il faut que nous admettions que :

1° Il n'y a pas d'autres masses que celles d'origine électro-magnétique. Nous savions que cela était vrai pour les masses négatives ; mais que cela était improbable pour les masses positives. Cependant cette hypothèse ne s'impose pas si l'on admet que les masses réelles suivent les mêmes lois que les masses électro magnétiques.

2° Il n'y a pas d'autres forces que les forces électro-magnétiques. Ceci est plus difficile à admettre ; si non il faudrait que les forces ordinaires subissent les mêmes transformations que les forces électro-magnétiques. Moyennant ces hypothèses le principe de relativité aurait une valeur absolue.

L'expérience confirme-t-elle les prévisions de Lorentz fondées sur le principe de relativité

Expériences de Kaufmann. — Il procédait par déviation des rayons β du radium au moyen d'un champ magnétique et d'un champ électrique. Il trouve que les électrons négatifs n'ont pas de masse mécanique. Ses expériences sont trop peu précises pour qu'il puisse décider entre les deux théories d'Abraham ou de Lorentz.

Il a repris ses expériences et a annoncé qu'elles vérifiaient la théorie d'Abraham.

Expériences de Bucherer. — M. Bucherer a fait d'autres expériences qui ont confirmé la théorie de Lorentz et détruit les autres théories. Il est bon de signaler que M. Bucherer était l'auteur d'une troisième théorie que ses expériences détruisaient également.

Kaufmann aurait depuis par de nouvelles expériences confirmé les théories de Bucherer (1) ; mais nous ne savons rien de précis à ce sujet.

---

(1) Celles qui sont conformes aux vues de Lorentz.

Théorie de la pression.

Nous supposerons que l'électron est formé d'une membrane indéfiniment extensible; les différentes charges portées par cette
membrane se repoussent; nous obtenons grâce à la pression
extérieure une position d'équilibre sphérique.

Cet électron en mouvement subit précisément la contraction de
Lorentz; mais la pression intérieure (qui est plus exactement une
tension car elle est < 0) ne varie pas et reste la même qu'au repos.
Nous allons supposer que cette pression constante varie d'une façon
continue à l'intérieur de l'électron.

Décomposons-le en une infinité d'éléments de volume dans
lesquels la pression est constante.

Les lois de l'hydrostatique nous donnent :

$$\frac{dp}{dx} = X.$$

$$\frac{dp}{dy} = Y.$$

$$\frac{dp}{dz} = Z.$$

Nous prenons les équations de l'hydrostatique et non de l'hydro-
dynamique parce qu'ici d'après notre hypothèse fondamentale nous
n'avons pas de masses véritables.

Dans les formules :

$$\frac{dK_x}{dt} = \int X\, d\tau$$

$$\frac{dK_y}{dt} = \int Y\, d\tau$$

$$\frac{dK_z}{dt} = \int Z\, d\tau$$

que nous avons vues précédemment, $\dfrac{dK_x}{dt}$ représente l'effet du

champ électro-magnétique dû à l'électron lui-même ; et X, Y, Z la
force due au champ extérieur produit par tous les autres électrons.

Ici, au contraire, X, Y, Z représentent l'action du champ total, celui de l'électron compris.

Nous avons :

$$dp = \frac{dp}{dx}\,dx + \frac{dp}{dy}\,dy + \frac{dp}{dz}\,dz + \frac{dp}{dt}\,dt$$

Suivons un électron, cela nous donne :

$$dx = \xi\,dt$$

Et la pression ne variant pas on a $dp = 0$

ou
$$-\frac{dp}{dt} = \frac{dp}{dx}\,\xi + \frac{dp}{dy}\,\eta + \frac{dp}{dz}\,\zeta = \Sigma\,X\,\xi = T$$

On peut donc compléter les équations écrites plus haut par la suivante :

$$-\frac{dp}{dt} = T.$$

p ne change pas par la transformation de Lorentz, car c'est une pression attachée à l'électron ; d'où :

$$dp = \frac{dp}{dx}\,dx + \frac{dp}{dy}\,dy + \frac{dp}{dz}\,dz + \frac{dp}{dt}\,dt = \frac{dp'}{dx'}\,dx'$$

$$+\frac{dp'}{dy'}\,dy' + \frac{dp'}{dz'}\,dz' + \frac{dp'}{dt'}\,dt' = \frac{dp}{dx'}\,k\,(dx + \varepsilon\,dt) + \frac{dp}{dy'}\,dy +$$

$$\frac{dp}{dz'}\,dz + k\,\frac{dp}{dt'}\,(dt + \varepsilon\,dx).$$

En égalant les coefficients des différentielles semblables on a :

$$\frac{dp}{dx} = k\left(\frac{dp}{dx'} + \varepsilon\,\frac{dp}{dt'}\right)$$

$$\frac{dp}{dt} = k\left(\frac{dp}{dt'} + \varepsilon\,\frac{dp}{dx'}\right)$$

$$\frac{dp}{dy} = \frac{dp}{dy'}$$

$$\frac{dp}{dz} = \frac{dp}{dz'}$$

D'où :

$$\frac{dp}{dx'} = k\left(\frac{dp}{dx} - \epsilon\frac{dp}{dt}\right)$$

$$-\frac{dp}{dt'} = k\left(-\frac{dp}{dt'} + \epsilon\frac{dp}{dx}\right)$$

$$\frac{dp}{dy'} = \frac{dp}{dy}$$

$$\frac{dp}{dz'} = \frac{dp}{dz}$$

Et nous voyons que $\dfrac{dp}{dx}$, $\dfrac{dp}{dy}$, $\dfrac{dp}{dz}$, $-\dfrac{dp}{dt}$ subissent précisément la même transformation que x, y, z, t, la même aussi que X, Y, Z, T.

Donc les équations subsistent ; et le principe de relativité est satisfait par l'hypothèse de la pression interne.

Nous n'avons pas supposé dans la démonstration précédente que le mouvement est quasi-stationnaire ; s'il en est ainsi pour que ce qui précède soit vrai l'électron devra subir la contraction de Lorentz.

L'équilibre est-il stable ? Cette question est très complexe et nous n'y répondrons pas.

Telles sont les conclusions auxquelles nous a conduit la théorie de la pression.

Ici encore il faut supposer qu'il n'y a pas d'autres masses et d'autres forces que celles d'origine électro-magnétique ; sinon toutes les autres masses et toutes les autres forces doivent se comporter comme si elles avaient cette origine.

Les caractères de la mécanique nouvelle sont donc les suivants :

Tous les corps entraînés dans un même mouvement subissent la même contraction ; qui est un effet de la contraction des électrons.

Toutes les masses sont d'origine électro-magnétique ou se comportent comme ces dernières. Les masses varient avec la vitesse ; la masse transversale n'est pas la même que la masse longitudinale. Pour que l'effet de la vitesse soit sensible il faut de très grandes vitesses (> 10.000 ^{km}) ; la mécanique ordinaire ne subit donc aucune atteinte de ce fait.

Aucune vitesse ne peut dépasser celle de la lumière ; en effet, l'inertie croît avec la vitesse et grandit indéfiniment si V tend vers 1.

Ceci conduit au paradoxe suivant :

Un premier observateur O au repos en voit un autre A animé d'une vitesse plus petite que celle de la lumière mais qui en approche.

A est en mouvement, mais il se croit au repos et voit un observateur B animé d'une vitesse de même sens que la sienne et approchant également de la vitesse de la lumière.

Il semblerait donc à O que B est animé d'une vitesse plus grande que celle de la lumière.

$$O \qquad A \qquad B$$

Désignons la vitesse de A par rapport à O par ξ_1,
la vitesse de B par rapport à A par ξ_2,
la vitesse de B par rapport à O par ξ_3.

On n'a pas $\xi_3 = \xi_1 + \xi_2$ car A qui est entraîné se servira du temps réduit, tandis que O se sert du temps réel.

Appliquons la transformation de Lorentz nous avons :

$$\xi_3 = \frac{\xi_2 + \varepsilon}{1 + \xi_2 \varepsilon}$$

Pour trouver ε nous allons exprimer à l'aide de la formule précédente la vitesse de l'observateur A lui-même.

Dans ce cas Vitesse de A par rapport à A $= 0$ donc $\xi_2 = 0$

Vitesse de A par rapport à O $= \xi_1$ donc $\xi_3 = \xi_1$

on trouve ainsi $\qquad \xi_1 = \varepsilon$

Et par suite on a : $\qquad \xi_3 = \dfrac{\xi_1 + \xi_2}{1 + \xi_1 \xi_2}$

On a bien $\qquad \dfrac{\xi_1 + \xi_2}{1 + \xi_1 \xi_2} < 1$

car on tire de là $\qquad \xi_1 + \xi_2 < 1 + \xi_1 \xi_2$

et $\qquad 0 < (1 - \xi_1)(1 - \xi_2)$

Inégalité toujours vérifiée puisque ξ_1 et ξ_2 sont positifs (choix de l'axe), et que l'on a $\quad |\xi_1| < 1 \quad |\xi_2| < 1$.

Pour le cas des vitesses obliques on n'a qu'à se servir de la formule

$$\frac{1 - V^2}{1 - V'^2} = k^2 (1 + \xi \varepsilon)^2$$

qui montre que $1 - V^2$ et $1 - V'^2$ sont toujours de même signe et que V' sera plus petit que 1 si V est plus petit que 1.

Pour ce qui est de l'électron en mouvement, nous avons vu que le champ auquel il donne naissance provient de deux ondes : l'onde de vitesse et l'onde d'accélération.

L'onde d'accélération va se propager par sphères concentriques ayant pour centre le point où l'électron a subi l'accélération.

Il en va différemment pour l'onde de vitesse ; ici c'est l'électron qui transporte son champ avec lui ; c'est de l'énergie qui est transportée sous forme de force vive ; tandis que dans le cas précédent c'est de l'énergie rayonnée à l'infini.

Dans le mouvement quasi stationnaire on peut dire que l'onde d'accélération est négligeable et qu'il ne subsiste que l'onde de vitesse à laquelle est dû l'effet d'inertie électro-magnétique.

Examinons maintenant quelques cas dans lesquels le mouvement n'est pas quasi-stationnaire ; et qui correspondent à un rayonnement sensible.

1° *Gaz incandescents.* — Dans ce cas les électrons subissent des vibrations de grande fréquence et d'amplitudes très faibles ; il y a des changements brusques de vitesse et par suite des accélérations très grandes.

2° *Excitateur de Hertz.* — Les électrons sont animés d'un mouvement vibratoire de grande fréquence ; il y a encore rayonnement.

3° *Métaux incandescents.* — A l'intérieur des métaux circulent des électrons libres ; ce sont ces électrons qui, entraînés par le champ, produisent la conduction.

Ces électrons sont enfermés dans le métal d'où ils ne sortent que dans des circonstances extraordinaires ; ils se meuvent en ligne droite jusqu'à ce qu'ils rencontrent la paroi ou un autre électron ; à ce moment il y a changement brusque de vitesse et par suite une accélération produisant une radiation qui donne lieu à l'incandescence des corps solides. La vitesse des électrons s'accroît avec la température.

Mais ceci ne rend pas compte de la façon dont l'énergie est répartie dans le spectre.

4° *Rayons* X *et rayons* γ *du radium.* — Les rayons cathodiques arrivant sur l'anticathode sont arrêtés brusquement ; il y a une accélération très grande, et un rayonnement de courte longueur d'onde prend naissance : ce sont les rayons X.

Le radium émet des rayons β composés de particules négatives qui, à certains moments, sont expulsées à des vitesses considérables. Il se produit un rayonnement identique aux rayons X : les rayons γ.

La gravitation est d'origine électro-magnétique. — Nous avons dit que pour que la théorie de Lorentz ait une valeur absolue, il faudrait que toutes les forces soient d'origine électro-magnétique ou se comportent comme telles. Il faut donc examiner successivement toutes les lois de la physique. Lorentz a commencé par la plus importante : la gravitation.

Prenons deux atomes matériels A B et A′ B′. Chaque atome a un plus ou moins grand nombre d'électrons positifs et négatifs ; s'il est neutre la charge totale des électrons négatifs est égale à la charge totale des électrons positifs.

A + B —

Ici, si nous prenons les lois ordinaires de l'électro-statique nous voyons que l'effet résultant de A B sur A′ B′ est nul (les distances A B, A′ B′ étant négligeables devant A A′ ou B B′).

A′ + B′ —

Si l'on imagine au contraire que les atomes de noms contraires s'attirent plus que ceux de même nom ne se repoussent, on aura une action résultante qui peut rendre compte de la gravitation.

C'est cette hypothèse que Lorentz a étendue au cas des électrons en mouvement.

Le champ est décomposé en 2 parties de sorte que l'on a :

$$f = f_1 + f_2 \qquad \alpha = \alpha_1 + \alpha_2$$
$$g = g_1 + g_2 \qquad \beta = \beta_1 + \beta_2$$
$$h = h_1 + h_2 \qquad \gamma = \gamma_1 + \gamma_2$$

$f_1, g_1, h_1, \alpha_1, \beta_1, \gamma_1$ étant dus aux électrons positifs.

$f_2, g_2, h_2, \alpha_2, \beta_2, \gamma_2$ étant dus aux électrons négatifs.

L'action de ce champ sur l'élément de volume $d\tau$ d'un électron positif est $X\,d\tau$ avec

$$X = a\rho\,[f_1 + \eta\gamma_1 - \zeta\beta_1] + b\rho\,[f_2 + n\gamma_2 - \zeta\beta_2]$$

Pour un électron négatif on aurait eu :

$$X = b\rho\,[f_1 + \eta\gamma_1 - \zeta\beta_1] + a\rho\,[f_2 + n\gamma_2 - \zeta\beta_2]$$

a et b sont deux coefficients différents. $b > a$.

Il y a donc lieu de distinguer l'origine d'un champ et de savoir s'il est dû à une masse positive ou à une masse négative.

Dans les calculs faits jusqu'ici nous avons supposé ces deux coefficients égaux entre eux et nous avons choisi les unités de façon qu'ils soient égaux à 1.

Les forces X ainsi définies se transforment comme les forces ordinaires par la transformation de Lorentz. Le principe de relativité subsiste. Si nous nous plaçons en électrostatique nous retrouvons la gravitation conforme aux lois de Newton.

On peut se demander si les observations astronomiques vont confirmer ou infirmer la théorie de Lorentz.

La courbure des orbites est petite mais elle n'est pas nulle; il devrait donc y avoir perte de force vive, et finalement les astres tomberaient les uns sur les autres. Mais cet effet est inappréciable et les mouvements des astres ne sont pas altérés, sauf pour Mercure dont le périhélie doit avoir un mouvement d'une amplitude plus grande de 5″ que par l'ancienne théorie. L'observation montre que le périhélie de Mercure a un mouvement dans le sens prévu par la mécanique nouvelle ; mais son amplitude est de 38″.

Cette observation ne nous permet donc pas de nous prononcer pour et encore bien moins contre la théorie de Lorentz.

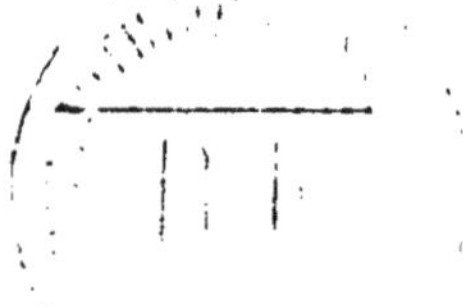

L'éditeur-gérant,
A. DUMAS.